LE PETIT LIVRE DES CHATONS

ちいさな手のひら事典

子ねこ

ドミニク・フゥフェル 著

いぶきけい 翻訳

LE PETIT LIVRE DES CHATONS

ちいさな手のひら事典

子ねこ

目 次

子ねこが幸せなら、飼い主さんも幸せ　　　　　9

子ねこを選ぶ　　　　　14
純血種の子ねこ　　　　　16
子ねこを迎えるときの年齢　　　　　18
捨てねこを保護する　　　　　20
ねこが妊娠したら　　　　　22
ご婦人方の幸せ　　　　　24
繁殖に適した季節　　　　　26
期待に満ちた9週間　　　　　28
平均4匹の子ねこ　　　　　30
お父さんはだれ！？　　　　　32
出産が近づいたら　　　　　34
居心地のよい場所を求めて　　　　　36
子ねこの誕生　　　　　38
飼い主さんの助けが必要なとき　　　　　40
無事、誕生！　　　　　42
五感の芽生え　　　　　44
はじめの一歩　　　　　46
子どもを守る　　　　　48
ボディランゲージ　　　　　50
ブラッシングは必須　　　　　52
食いしん坊の子ねこちゃん　　　　　54
なでなでする？　　　　　56
いたずらマシーン　　　　　58
怖がり屋さん　　　　　60
嫉妬とは無縁の世界　　　　　62
にゃおーん！　　　　　64

一家揃ってゴロゴロ 66

眠りの秘密 68

戦う子ねこちゃん！ 70

すべての爪をむき出しにして 72

テリトリーのしるし 74

よく遊び、よく学ぶ 76

ちびっこハンター 78

小さなどろぼう 80

音楽の友 82

子ねこの性格 84

品種による特徴 86

最初はユニセックス 88

個性豊かな兄弟姉妹 90

最初のお友だち 92

子ねこのベッド 94

生まれながらのきれい好き 96

乳離れのとき 98

子ねこの社会化 100

ママは先生 102

ねこの母性 104

みんな平等 106

ねこは夜行性 108

スリスリするのはなぜ？ 110

相思相愛 112

子ねこちゃん、いらっしゃい！ 114

子ねこと赤ちゃん 116

子ねこと子ども 118

子ねこを気遣う 120

子ねこの教育　　　　　　　　　122

子ねこはお利口さん　　　　　　124

魅惑の瞳　　　　　　　　　　　126

被毛の話　　　　　　　　　　　128

子ねこの乳歯　　　　　　　　　130

初めてのカリカリ　　　　　　　132

さすらいの動物　　　　　　　　134

子ねこがいない！？　　　　　　136

リードでお散歩　　　　　　　　138

子ねこと子犬はお友だち　　　　140

先住ねこの悩み　　　　　　　　142

ねこと魚は共存可能？　　　　　144

子ねこに特有の病気　　　　　　146

子ねこの健康のために　　　　　148

初めての病院　　　　　　　　　150

子ねこの反抗期　　　　　　　　152

避妊と去勢　　　　　　　　　　154

子ねこが大人になったら　　　　156

フランスのねこカフェ　　　　　158

捨てねこ：フランスの場合　　　160

ひとりでお留守番　　　　　　　162

子ねこと作家　　　　　　　　　164

キャットショー　　　　　　　　166

世界最小のねこ　　　　　　　　168

もっと知りたい人のために　　　171

子ねこが幸せなら、飼い主さんも幸せ

　世界じゅう、「ニャーン」という鳴き声であふれています！　昨今のペットブームのなか、ねこは犬からナンバーワンの座を奪いました。いたずら好きで、表現ゆたかなしぐさに人は抗えません。敏捷な動きには美が宿っており、まばゆいとまではいわなくとも、独特の愛らしさで人を惹きつけます。写真映えがするので、カメラを向けるには絶好のターゲット。年齢にかかわらず、神秘的でとらえどころがなく、ねこを飼っているというよりは、うっとりと眺めさせてもらっているといったほうが近いかもしれません。人間はねこの世界に立ち入りすぎないようにしているのに、ねこのほうはお構いなしで、飼い主さんの気持ちをことごとく理解しているようにみえます。

子ねこって、カワイイ！

　ねこには、否応なく惹きつけられます。ねこにメロメロの人がいる一方で、エゴイストだとか、よそよそしいだとか、無関心だとか、腹黒いとか、泥棒だとか、残酷だとか散々な言われようをされることも。しかし、今やインターネット上で閲覧できる子ねこのビデオの膨大な数から察するに、こうした意見は少数にとどまっているようです。飼い主さんがアップした映像の、小さな毛のかたまりのような子ねこは、生後３か月ぐらいでしょうか。通常、子ねこが引き取られるときの年齢に相当します。飼っているねこのお産に立ち会うとか、ブリーダーや保護ねこの活動をしているとかでない限り、出産時の子ねこを目にする機会はあ

まりないでしょう。

　生まれたばかりの子ねこは、ほんとうに小さくて、耳も聞こえず、目も見えず、歯もありません。立っていることすらできないので、生きていくには完全にママが頼りです。メスねこはぶるぶる震える赤ちゃんの小さな体を温め、母乳を飲ませ、あらゆる危険から守り、そのあとは環境に適応できるよう助け、教育します。ビロードのような毛並みに隠されたしっかりとした四肢——これが母ねこのイメージです。やさしいけれど、生きてゆく力を子どもに教えるという毅然とした態度が認められます。

ママのまねをしながら

　子ねこはとてもかわいいのですが、育児中は休む暇もありません。生後4週経って慣れてきたら、ママや兄弟姉妹と身を寄せ合い、丸くなっていた巣の外に思い切って出かけるようになります。子ねこの五感はまだ完全に発達していませんが、見ることと聞くことはできます。体のバランスをとることは、ひとりで身につけなければなりませんので、おぼつかぬ足でよたよたと歩きます。それから、飛び上がって、背中を丸めて、横に歩いて……、初めて経験することばかりです。これは「刷りこみ」と呼ばれる、感覚が発達する段階の始まりで、人間との関係もこのときに築かれます。ただし、その経験は子ねこにとって快いものでなければなりません。無理に抱き上げたり、移動させたりすることを子ねこはとても嫌います。そっとなでてあげるだけで十分。ごく小さいころから、ネコ科の動物は独立心が強く、強制

はできません。気に染まないことは絶対にせず、基本的に飼い主に取り入ることはしない性質。その点で、ねこは犬と根本的に異なります。

　本格的な学習期間は、遅くとも生後5週め、乳離れとともに始まります。まずは見本を示すのが、ママの教育方針。じっと見ている子どもの前で、しつこいぐらいていねいに、毛づくろいの作法を教え、トイレ用の砂のあるところまで連れてゆき、どうすればよいかを教えます。また、実地に使うことはないかもしれませんが、万が一機会が到来したときのために、近くにあるものを利用して、狩りの技術も伝授します。8週めに入ると、子ねこの乳離れは完了。母ねこも自由を取りもどし、子ねこのそばを離れるように。しかし、小さいうちは引っかいたり、嚙みついたりの加減がうまくできないため、ふざけ合う子ねこたちから目を離すことはありません。度が過ぎた場合は、行動を起こします。低くうなって、前足で軽くいさめ、嚙みついた子にお返しをすることも。このようにして、手加減をし、爪を引っ込めることを教えるのです。生後3か月以前に引き取られた子ねこは、コントロールする術を教えられなかったため、大人になってからも、遊んでいる最中に危ないことがありますので、気をつけてください。人の手や足を攻撃しないよう教えるのは、飼い主さんの役目です。

ねことの共同生活

　引き取られたばかりの子ねこは、テリトリーが変わって動揺しています。新しい飼い主さんの家では、場所も物も音も匂いも

何もかもが初めて。このような状況で、すぐにお友だちになろうと思ってもムダです。たちまち、家具やソファの下に逃げ込んでしまうでしょう。ほうきのような長い棒で、無理にどかそうとしてはいけません。最終的には、おしっこをするためか、様子をうかがうために、隠れていた場所から出てきますので、水とエサを入れた食器を置くスペースと、離れた場所にねこ用トイレを準備してください。ねこの毛が散乱するのを避けたいなら、落ち着いて眠れる籠も。ただし、子ねこは快適なクッションやベッドの上で寝るのを決して諦めないことをお忘れなく。

　数日もすると、子ねこは新しい住まいと家族にも慣れ、ここは「自分の場所」だと認識するようになります。一般に信じられているのとは異なり、ねこをしつけることは可能です。大切なのは辛抱強く教え、頭ごなしに叱らないこと。短くはっきり「ダメ」と言えば、悪いことをする習慣はなくなります。いずれにしても、たたいては絶対にいけません。子ねこはどうしてたたかれたのか理解できないので、怯えて攻撃的になるおそれがあります。人間の手は、ねこをなでるためだけにあるのです。

　最後にお願いしたいことは重要です。どうか、いっしょに遊んであげてください！　疲れて眠くなるまで、子ねこは飽きることなく延々と遊びつづけます。筋肉を十分に動かすだけでなく、遊びを通じて知性も発達します。くたくたになり、お腹もいっぱいになったら、なでなでの時間。子ねこは満足すると、ゴロゴロ喉を鳴らしはじめます。この魔法の音に、飼い主さんの心は癒され、心配ごとはたちまちどこかに吹き飛んでしまうことでしょう。

子ねこを選ぶ

———

　子ねこを飼うと決めたら、どんな色だろう？　どんな性格だろう？　とさまざまなイメージが頭に浮かぶことでしょう。エレガントで精悍な顔をした、常に人を魅了してきた動物です。実物または写真で見ると、今すぐ抱っこしたくてたまらなくなります。これほどまでに愛されている動物ですから、何か特別な種に属していても不思議ではありません。

　しかし、純血種のねこは全体の5％にすぎないうえ、すべてのねこは同一の祖先、野良ねこから来ているのです。純血種をつくるには、形態、色、毛並みに特徴のあるイエネコを選別、隔離、繁殖させる必要があります。イエネコ *Felis silvestris catus* はヨーロッパヤマネコ *Felis silvestris* の一亜種で、この野生のねこ自体、リビアヤマネコ *Felis silvestris libyca* が原種だといわれています。このアフリカ原産のリビアヤマネコが家畜化するのは新石器時代にさかのぼり、その後、数多くの交配がおこなわれてきました。現在、きわめて珍しい種も含めて、およそ50種が確認されています。

Felis ocreata
Falbkatze
Lybian cat or coffer cat
Chat vere

純 血 種 の 子 ね こ

　親ねこがどうであろうと、飼い主がなんと主張しようとも、1999年1月6日の法律に基づき、フランスで生まれた子ねこは、ねこの血統台帳 LOOF（Livre Officiel des Origines Félines）で認められていなければ、「純血種」とは呼べません。したがって、両親から種に特有の特徴をすべて受け継ぎ、大人になってその特徴が変わらなかったねこでも、LOOFに登録されないケースがあります。たとえ、両親がいずれも血統書を持っていたとしても、その子がシャム、シャルトリュー、ターキッシュアンゴラとして認定されるとは限らないのです。

　日常生活のうえで、こうした「タイトル」の有無は重要ではありませんが、キャットショーに出場するとか、繁殖用に血統書を取得する場合には、それが必要になります。人が純血種にこだわるのは、それによって子ねこの価格が大きく変わってくるからです。個人的にもらい受けるならお金は要りませんが、珍しいネコ種になると軽く25万円を超えるでしょう。また、親ねこが持っているタイトルにも左右されます。貴重な品種を手に入れるのでしたら、LOOFに登録されている、手続きに詳しいブリーダーか団体に問い合わせたほうがよいでしょう。そうすれば、予想外の出来事に慌てることは基本的にありません。

子ねこを迎えるときの年齢

　　子ねこを引き取る場合、フランスの法律では生後8週以降と定められています。それまでに、母ねこは日常生活で欠かせない基本的なこと（ドライフードを食べる、おもちゃで遊ぶ、毛づくろい、トイレ……）を子ねこに教えます。しかし、子ねこが学習するペースは気質によって（知性の違いではありません！）それぞれ異なりますから、それまでにすべての教育を終えているとは限りません。したがって、子ねこによっては、エサの食べ方、毛づくろいの仕方をひとつひとつ教えてやる必要があります。このふたつに関しては、人間の子どもより子ねこに教えるほうがはるかに難しいため、しつけ不足が子ねこと飼い主さんの信頼関係を損ねることのないよう、ここは慎重に、教育のための時間を母ねこに十分保証することが勧められます（できれば12週間）。

　　この重要な期間に、母親は子ねこをしっかりとしつけます。母ねこ自身、嚙みつかれたり、引っかかれたりするのはいやですので、そんなことをされないように、必要に応じて前足で軽くたたいて、子ねこをたしなめます。また、ムダな争いを避け、仲間とうまくやっていくにはどうすればよいか、ねことして生きるノウハウを教え、テリトリーとその移動方法を示します。マンションで暮らすねこに狩りの基本を伝授することは無用かもしれませんが、少なくとも動物の本能を維持するのには役立ちます。こうした教育を受けた子ねこは、新しい家族に迎えられてもとくに支障はないでしょう。

捨てねこを保護する

　　か細い鳴き声がどこからか聞こえてきて、怯えてうずくまっている1匹の子ねこを発見することがあります。そんなとき、このねこの命を救うことはできるのでしょうか?

　　その子がまだ母親から乳離れしていない場合、そのまま放っておけば、ひとりで生き延びることは不可能です。母ねこから見捨てられたのではないことを確かめるには、どうしたらよいでしょうか? 母ねこは母性本能がとても強いので、理由もなく子どもを置いていくことはまずありません。多くの場合、その子が病気か、体が不自由で、すべての子に分け与えるだけの十分なお乳がなかったため、健康な子を優先したことが考えられます。まずは獣医さんに連れてゆき、年齢と健康状態を確認してください。子ねこを引き取る場合、必要な手当てをして、命を救うことができるかどうか知るうえで、獣医師による診察はとても重要です。生後3週までの子ねこの体温は約35.5℃(成猫は38〜39℃)。子ねこは自分で体温を調節できないので、すきま風の入らない室内に移し、毛布などでくるんで、体を温めてあげる必要があります。授乳も頻繁で、生まれて間もない子ねこには2時間おきに、哺乳びんに入れた子ねこ用のミルクを飲ませなければなりません。もうひとつ大切なことがあります。お腹の下のほうをさすって、おしっこやうんちを出してやることです。

　　4週間経って、1日に5〜10gの割合で体重が順調に増えていれば、子ねこは助かったということです。あとはしつけをすることですが、母ねこがいないため、それは当然、飼い主さんの役目になります。

ねこが妊娠したら

　メスねこは、生後6か月を過ぎたころから出産できるようになります。発情期は、通常、冬の終わりから秋にかけてで、決まってはいませんが10〜15日間続き、あいだに2〜3週間の休止期間をはさみます。避妊をしていない限り、大きな声で鳴いて、喉を鳴らし、食欲が減って、床にうずくまり、家具などに体をこすりつけ、お尻を持ち上げ、しきりになでてもらいたがるので、すぐにわかります。こうなると、魅惑のマドンナの愛情を勝ち得ようと、オスねこたちが競って求婚をしますので、外に出れば、メスねこは間違いなく妊娠するでしょう。

　交尾をした日から妊娠が始まります。期間は60〜69日で、約9週間。妊娠したメスは着実に体重が増えます。最初の6週間はつらい授乳期に備えて脂肪を蓄える期間、続く3週間でお腹の赤ちゃんが次第に大きくなります。

　お腹がふくらんでくる以前に、メスねこの行動に生じる変化で、妊娠したことはわかります。どこにでもついてきて、これまでになく甘えるのです。食欲はありますが、ときに吐きもどすこともあり、乳白色だった乳首が次第にバラ色を帯び、ふっくらしてきます。受精後3週を過ぎたら、獣医さんにエコー検査で妊娠を確認してもらいましょう。

Felis domesticus
Hauskaɀe
House cat
Chat domestique

ご婦人方の幸せ

　出産を控えたメスねこのお世話は、幸せそのもの。不機嫌だったり、気まぐれだったり、攻撃的だったりすることもなく、常にやさしく愛情にあふれ、いつにも増してかまってもらいたがります。この子がかわいくてたまらない人であれば、喜んでなでてあげることでしょう。ねこによっては、しつこいぐらいにスリスリと身を寄せてきます。

　反対に、静かに過ごしたがるねこもいます。いかにも女性らしいのですが、自分のことしか念頭になく、好きなことしかしません。妊娠中のメスねこは遊ぶことも、外に散歩に出ることもなくなり、頻繁に休息をとるようになります。飼い主さんはねこの気持ちを察して、9週間やさしく接してください。子ねこにあげるような滋養たっぷりのフードを与え、必要な栄養が摂取できるようにします。ただし、大量にやる必要はありません。また、寄生虫やノミを駆除する薬を投与して、胎盤からお腹の赤ちゃんに伝染することがないように努めます。妊娠4〜5週めに入ったら、獣医さんにエコー検査で診てもらいましょう。また、変わりやすい母ねこの要求を、必要に応じて満たしてやる必要があります。赤ちゃんが生まれたら、間違いなく自分のことはあとまわしになるでしょうから、今のうちにかわいがってあげてください。

繁殖に適した季節

　「発情期」のねこについて「盛りがついた」と表現することがありますが、これは現実に即しています。メスねこが発情するのは、冬が終わって気候が温暖になり、生きとし生けるものが活発化する時期に限られます。そのため、寒冷な地域と比較すると、暖かい地域で早く始まり、長く続きます。北半球を例にとると、2月から9月が発情期に相当します。年ごろになったメスねこの飼い主さんは、気温が上昇するにつれ、監視を怠らないようにしなくてはなりません。

　オスねこは年間を通じて生殖可能ですが、誘いに応じるか否かはメスねこ次第ですので、発情期を待つ必要があります。妊娠期間は約9週間で、その後、乳離れするまでの3か月間、母親は子ねこにつきっきりになります。地域にもよりますが、この約5か月半のあいだは概して気候に恵まれており、通常、年1回のサイクルで交配し、ブリーダーもこれを基本としています。子ねこをしつける時間だけではなく、母ねこにも休息が必要だからです。外で野放しになっているねこの場合、年に2〜3回出産することがありますが、疲労のため寿命が短くなります。

期 待 に 満 ち た ９ 週 間

　ねこは哺乳類ですので、胚の発達は人間の女性の場合とほとんど変わりません。ただし、妊娠期間は人間の９か月に対して、ねこは９週間ですから、ずっと早く進行します。

　未来の子ねこの染色体の半数は母親に、あとの半数は父親に由来します。しかし、特徴の伝達は偶然の賜物。人間の赤ちゃんと同じで、両親のどちらに似るかは議論の余地が大いにあります。ねこの場合、交配後に排卵が起こるため妊娠率が高いのが特徴です。交尾後、受精した卵子は卵管からメスねこの子宮へ。子宮角に移動して約２週間、子宮液内を漂ったのち、受精後３週めに着床が起こります。子宮壁に落ち着いた胚は内膜に守られて、成長に必要な栄養を受け取り、老廃物を排出します。受精後40日までに、胎子はおよそ５cmの大きさになり、筋肉、神経系、感覚器官が発達します。50日ほどすると毛が生えてきて、60日で胎子がおよそ13 cmになるまで成長すると、体の発達は完了。あとは出産を待つばかりです。そのころにはメスねこはぐったりとしてうずくまり、脇腹がくぼみ、やがて陣痛が始まります。

Felis domesticus
Weisse Hauskatze
White house cat
Chat blanc

平均4匹の子ねこ

　メスねこが、一度に1匹しか産まないこともないわけではありません。2匹または3匹のことが多く、平均すると4匹、さらにそれ以上、5匹、6匹、7匹、帝王切開なしで8匹の子ねこを産むことも。例外ですが、英国のねこが一度に19匹を出産したケースも報告されています。4匹は死産でしたが、母親は無事でした。これが最多記録です！

　子ねこが何匹生まれてくるだろうという問題に、頭を悩ませる飼い主さんは多いでしょう。しかし、お腹のなかの赤ちゃんの数に応じてお母さんねこが太るわけではないため、答えるのは難しいのです。ひと腹の子の数が多ければ、それぞれの個体は小柄で、体が弱いことが考えられますので、生まれたあと、飼い主さんは絶え間なく注意していなければなりません。生まれてくる赤ちゃんの数をどうしても知りたければ、獣医さんに診てもらいましょう。受精後およそ40日経つと、エコー検査でお腹にいる子ねこの数が正確にわかります。ただし、それ以前、たとえば受精後25日だと精度は60％に低下し、一般的には子ねこの数を少なく見積もりがちです。

お父さんはだれ !?

　ブリーダーの方でしたら、Xというオスと交配させたメスが、別のオスYまたはZに妊娠させられることのないよう、よくよく気をつけていらっしゃると思います。けれども、自由に外に出かけるメスねこを見張るのは、結構難しいのです。

　ねこは交尾の刺激によって排卵が起こり、その後48〜72時間は受胎が可能です。したがって、この最大3日間にメスがあらたな恋の冒険に出かけ、別のオスと交尾をすると、最初の相手だけでなく、2度め、3度めの相手の子も妊娠し、父親の違う子ねこが一度に誕生することもあるわけです。これは「過妊娠」と呼ばれる現象で、生まれた子ねこたちはあまり似ていないでしょうが、とくに不都合はありません。

　「過受胎」の場合は、もっとやっかいです。メスねこのなかには、およそ10％の割合で、受精後3週間（あるいはそれ以上）経っても発情が続き、のちの交尾による受精卵が最初の交尾で受精したものと混ざってしまう場合があります。出産は先にできた子の準備ができたら始まりますので、遅れて来た子は死産だったり、早産で助からなかったりすることがままあるのです。

ALL PROMENADE

COPYRIGHT, 1881, BY GEO. H. HAYES

出 産 が 近 づ い た ら

　　子ねこがもうすぐ生まれようとしているときは、いくつかの徴候が認められます。出産を間近に控えたメスは体重が増えず、脇腹がくぼみ、下腹が下がり、乳首に乳汁が分泌します。しかし、体に認められる変化以外にも、行動によって出産のタイミングはわかります。最初に食欲が減りますが、心配にはおよびません。メスねこは疲れやすく、あまり食べたがりませんが、出産が終われば、いつもの習慣を取りもどすでしょう。

　　反対に、喉が渇いて、水をたくさん飲むようになります。好きなだけ飲めるように、常に新鮮な水を入れた食器を置いておきましょう。この期間、遊んであげる必要はありません。ねこはひたすら静かに横になっていますが、なでてあげると喜びます。とりわけ下腹をさすってあげるとよいでしょう。お腹の赤ちゃんに「出ておいで」と促すのです。なでているあいだ、お腹が何度も収縮し、震えて、こわばるのが感じられ、なかの赤ちゃんが外に出ようとしているのがわかります。いよいよ生まれる段になると、メスねこは落ち着かなくなり、下に敷いた毛布やタオルをふみふみし、トイレに入ったかと思うと用を足さずに出てきて、ふたたび丸くなり……。用意しておいた産箱にようやく落ち着いたら、出産はまもなくです！

居心地のよい場所を求めて

　それまで自由に生きてきたお母さんねこも、妊娠中は疲れて抵抗力が弱まっていますので、来る出産・授乳に備えて、静かで安心できる場所を求めています。少なくとも子ねこが自立するまでのあいだ、そこには長期間とどまらなければなりません。飼いねこの場合は、飼い主さんの保護のもとで出産し、手厚い世話を受けることができるので、少し安心です。

　子ねこの出産に先立つ数日間、お母さんねこは慎重に家のなかを点検し、静かで温かな巣を探します。子ねこの体温は低いので、すき間風が入らなくて居心地のよい、清潔な場所がどうしても必要なのです。人の出入りの少ない部屋に、新聞紙と清潔な布を敷いた大きめの箱を準備してあげてください。出産後は、汚れた新聞紙と布をやわらかい毛布に取り替えます。小さいお子さんのいる家庭では、できるだけ母ねこのそばに近づけないように。周囲で動きまわったり、騒いだりされることをねこは嫌います。

　ねこを思う飼い主さんの心遣いにもかかわらず、ママのために準備した楽園のような産箱がお気に召すとは限りません。たとえば、戸棚のなかのような奥まった場所を求めている可能性があります。ついては、ねこが入り込んで困るような場所は閉めて、入れないようにしておいたほうが賢明です。出産を終えた母ねこは、通常子どもを動かしたがらず、乳離れが完了するまで、ここと決めた場所で過ごします。

子ねこの誕生

受精後およそ65日経つと、ママは落ち着かなくなります。驚くことはありません。最初の陣痛が始まり、間隔が次第に短くなっていくにつれ、メスねこは繰り返し鳴いて、痛みと不安を訴えます。そして、呼吸が速くなり、瞳孔が開きます。飼い主さんはやさしくなでて、安心させてあげてください。そのうち、ねこは用意した産箱に入り、じっと待っています。これは、子どもを産むすべての哺乳類の定め。破水が起きると、子ねこの誕生まであともう少しです。メスねこはしきりに陰部をなめ、最初の子を出産することに集中します。これが初めてでも、本能によってどうすればよいかちゃんとわかっているのです。

半透明の羊膜に包まれた胎子が出てきたら、母ねこは膜を破り（自然に破れることもあります）、子ねこの体をなめてきれいにし、呼吸ができるようにしてやります。第1子に続いて、次の子が生まれくるまでの間隔は、通常10分から1時間のあいだ。それ以上経っても出てこなかったら、獣医さんに連絡しましょう。子ねこが生まれる合い間に、母親はへその緒を噛み切って、胎盤といっしょに食べます。母ねこが落ち着いて横になり、子ねこを抱き寄せたら、出産は終了です。お腹をすかせた子ねこたちは、手探りでおっぱいを探しあてると、前脚でふみふみしながら、勢いよくお乳を飲みはじめます。栄養たっぷりの初乳を飲んでお腹がいっぱいになったら、ママの温かいお腹にぴったりと身を寄せて、さあ、おねむの時間です！

飼 い 主 さ ん の 助 け が 必 要 な と き

　基本的に、人間がねこの出産を助ける必要はありません。とはいえ、なかにはひとりになることをいやがる子もいますので（とくに初産の場合）、そんなときは飼い主さんがそばにいて、やさしく見守ってあげてください。お腹をさすっても、母ねこが逃げることはなく、お腹の赤ちゃんに「早く、出ておいで」と促すことにもなります。子ねこの鼻づらがのぞいても、さする手を止めないでください。ただし、娩出を早めようとしてはいけません。普通は、母ねこが羊膜を破って、子ねこの体をなめてきれいにしますが、そうではない場合、飼い主さんが代わりに羊膜を破ってあげる必要があります。頭の横から裂いてゆき、ガーゼで口と鼻のまわりを拭きます。それから、きれいにすると同時に呼吸ができるように、タオルで赤ちゃんをマッサージします。口を開けて小さく鳴いたら、もうだいじょうぶ。反対に、へその緒を切るのはきわめてデリケートな作業ですので、獣医さんにお願いしたほうがよいでしょう。けれども、こうしたケースはあくまで例外で、メスねこの母性本能はとても強いのです！

　お産でママは疲れ切っていますから、兄弟たちに先を越され、おっぱいまでたどり着けないおっとりした子ねこちゃんをすぐに助けてやれない場合があります。そんなときも、飼い主さんの出番です。子ねこの頭を下にして、肺に詰まっている液体を吐き出させてから、ちっちゃい口を乳房の前に持っていくようにしてください。

Joyeuses Pâques

無事、誕生！

　生まれたばかりの子ねこに話しかけてもムダでしょう。目も見えず、耳も聞こえないので、子ねこは周囲の世界をまだ知覚することができません。やさしくなでても、言葉をかけても、何も感じず、ママと兄弟たちの体の温もりだけがすべてなのです。また、子ねこの体に人間の匂いがついていると、母親が育児を放棄することが時々あります。したがって、最初の１週間はねこだけにしておき、十分注意はするものの、人は手を出さないほうがよいでしょう。トイレに行くときとエサを食べるとき以外、母ねこはめったに起き上がりません。体を休め、食欲を満たし、飼い主さんのそばに来て甘えることもなくなります。この時期、母ねこが不安がりますので、産箱の場所は変えないことです。

　１週間経ったら、子ねこを抱かせてくれるかもしれません。ただし30秒以内で、それ以上はダメです！　子ねこたちも、喜んでいるふうには見えません。人に触られていること自体、ほとんどわかっていないのですから。子ねこを産箱にもどすと、母ねこはまるで大切な子を汚されたかのように思い切りなめます。残念ながら、家のお子さんが小さな毛玉のような子ねこをかわいがるには、まだ時期が早いようです。子ねこをおとなしく眺めて、母ねこの頭をなでるだけでも子どもは満足するでしょうし、そっとしておいたほうが、ねこからは感謝されます。

五感の芽生え

――――――――――

　生まれたばかりの子ねこの目はふさがっていて、何も見えません。また、耳も聞こえず、嗅覚も利きません。感覚が未発達ですので、子ねこにはたらきかけてもリアクションはなし！ 母ねこも、お腹をすかせた子が好きなときにおっぱいを飲めるように身を横たえて、子ねこたちをそっとしておいてやります。こんなふうに、赤ちゃんは何もしないまま2週間ほど過ごすのです。

　そのうち、子ねこの目が開きます。でも、まぶしい光が苦手なので、強い光線が当たらないように気をつけましょう。匂いは、子ねこの生活のなかでとても重要です。嗅覚が鋭くなってくると、匂いをかいで周囲の環境を知るようになります。次に耳が聞こえるようになり、物音を聞きわけることを学びます。飼い主さんも、やさしく話しかけてみてください。ただし、子ねこを扱うときはくれぐれも慎重に。

　こうしたことを繰り返すなかで、子ねこたちはいっしょに暮らす飼い主さんとその家族の声に慣れ、少しずつ信頼してくれるようになり、環境に適応してゆきます。

はじめの一歩

　生まれたての子ねこの体の動きは限られています。這いつく
ばるのがせいぜいで、ほとんど動きません。おたがいに体をくっ
つけ合って丸くなり、何よりも大切なおっぱいがあるママの胸に
身を寄せています。おっぱいにたどり着くには、障害を乗り越
え、ときには兄弟姉妹を踏んづけていかなければなりません。
まだ感覚が発達していないのですから、むやみに動きまわって
も仕方がないのでしょう。

　歩きはじめるのは、生後3週間ほど経ってから。ふらつく足で
懸命に踏んばって、外の世界へ冒険に出かけます。トイレも自
力でできるころですから、産箱にずっととどまっているわけには
いきません。あまり遠出せず、おそるおそる足を踏み出すもの
の、転ぶことは避けられず……。それでも、子ねこたちはくじけ
ません！ ここまで成長したら、お子さんに子ねこを抱っこさせて
あげてもよいでしょう。ただし、無理なことはさせない、遠くまで
連れて行かないことを必ず守ってください。

　1か月もすると、それまでおたがい知らんぷりをしていた兄弟
たちと行動するようになります。ママから離れて、いっしょに走っ
たり、遊んだり。子ねこたちは、母親がいなくなるとは思っても
いませんが、子ねこが眠っているあいだに、ママもときには子ど
ものもとを離れ、外に出るようになります。最初は比較的近くに
出かけ、遅くならないうちに帰ってきますが、メスねこの関心が
変わってきているのが感じられます。子ねこたちが追いかけっこ
や押し合いへし合いするようになると、母ねこによる子どもの教
育が始まります。乳離れするときが来たのです。

子どもを守る

乳離れをするまで、子ねこは完全に母ねこに頼り切っています。母乳を与えているからというのが、理由のひとつ。もうひとつは、子ねこのほうでも、母親のそばで自分を取り巻く世界に対応する術を学ばなければならないからです。五感が発達しても、子ねこは周囲の環境についてまったく何も知りません。未知の世界にはあちらこちらで罠が待ちかまえていますから、子ねこたちは困難や危険に直面します。飼い主さんはねこの行動範囲内の安全に十分気を配り、とくに子ねこが間違って外へ出て、迷子にならないようにしてください。反抗するつもりはないのですが、ときに子ねこたちは、自分のしたいことに執着します。いつも見守っているお母さんねこは、そんなとき、どうしたらいいかわかっていて、危険を感じたときなど、必要な場合は軽く前足でいさめます。それも、ひたすら子どもを守ろうとしてのことで、そんなとき、ママは決して爪を立てません。子ねこが注意されたとわかれば、それで十分なのです。

とはいえ、子ねこたちはそそっかしくて、記憶力も怪しいうえ、遊びや発見が大好きときていますので、何度も繰り返し教えてやらなければなりません。やがて子ねこたちも落ち着いて、正しく反応し、習慣を身につけることでしょう。

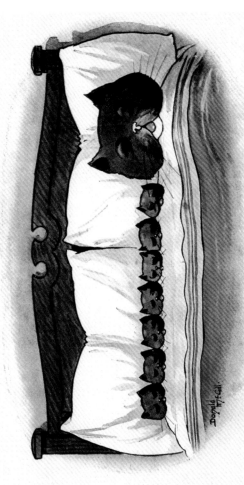

" · MOTHER · AND · CHILDREN · DOING · WELL · "

ボディランゲージ

　まだぎごちなさは残っているものの、動作をコントロールできるようになると、子ねこは大人のねこのボディランゲージを取り入れるようになります。驚き、恐怖、興奮、喜び……、その時々の気持ちに従って頻繁にポーズを変えるのです。動かないものに攻撃を仕掛けるなど、オーバーな動作を見せることもあります。その瞬間に子ねこが思っていることは理解できても、子ねこはたちまち気分を変えるので、その反応を予測するのは簡単なことではありません。

　子ねこが目を半分閉じて、足の先をゆっくりと動かしながら、くつろいだ姿勢をとっているのは、満足している証拠です。耳の動きも、多くを教えてくれます。いつもと変わらず立っていたらリラックスしていますし、前に倒れていたら警戒していて、後ろに倒れていたら、神経質になっています。平らに伏せている、いわゆるイカ耳のときは、怖がっているか怒っているかでしょう。しっぽも、ねこの気持ちを雄弁に語っています。ピンと立てているのは、歓迎のしるし。ゆっくりと揺らしていれば、満足していることがわかります。ピシッとたたきつけるようにしたら、気にいらないか、イラついているか。子ねこが本気で怒っているときはだれの目にも明らかで、毛を逆立て、背中を丸め、横向きの姿勢をとります。歯をむき出してうなる姿は、まるで冷笑しているようにもみえますが、当の本人（本ねこ？）はいたって大まじめ。自分の存在を印象づけることは、のちにほかのねことの関係で重要ですから、なおさらです。

Bonne Fête

ブラッシングは必須

　ざらざらした舌で、母ねこは子ねこの体をていねいになめ、汚れを取り除いてやります。この天然のブラッシングは血液の循環を促し、筋肉の緊張を高めます。さらに、毛の根元にある皮脂腺のはたらき（皮膚の表面にふたをして潤いを保つと同時に、毛並みに艶を与えます）を活発にし、毛玉ができるのを防ぐ役割もあります。

　大きくなるにつれて、子ねこは自分の体をなめてきれいにすることを覚えます。体を清潔に保つ習慣が身についたら、基本的に人が介入する必要はありません。もともと、ねこはきれい好きなのです。

　長毛種に限っては、大人になってからも、密集して生えている毛を美しく保つお手入れが必要です。たとえば、ペルシャは毛玉ができやすいので、毎日ブラッシングをしてあげてください。短毛種で滑らかな毛をしたねこも、小さいうちにブラッシングの習慣を身につけておくことは重要です。毛に隠れてけがをしていないか、太りすぎていないかなど、ねこの健康をチェックするきっかけになります。ねこがいやがらないか、心配する飼い主さんもいますが、ブラッシングが日々の心地よい儀式になるか否かは飼い主さん次第！　快適な場所で、言葉をかけてやりながらやさしくなで、背中や脇から始めて、感じやすいお腹、しっぽ、頭へと順にブラッシングをしてゆきます。

LE BAIN 3

食 い し ん 坊 の 子 ね こ ち ゃ ん

　子ねこはとても食いしん坊！ 最初の4か月で、成猫の75%に相当する重さになります。この時期に骨や筋肉が発達しますので、乳離れが済んだら、動物性タンパク質をたっぷりと含んだフードを与えてください。ベジタリアンにしようなんて、決して思わないこと。ねこが死んでしまいます！ とくに子ねこのころは、ときに飼い主さんの目に過剰に映るほどよく食べますが、遊んで消費したカロリーを取りもどすため、栄養をたっぷりとる必要があります。野良ねこが少量を数回に分けて食べるのは、食餌の量を調整して、食いしん坊にならないようにしているのです。これはねこの本能で、飼いねこにもその傾向が認められます。したがって、子ねこが何度もフードの入った食器のところに行っても、心配は不要です。

　とはいえ、ドライフードに移行する時期は大変です。固いフードをかじって消化するのは、子ねこにとってひと苦労。サイズの小さいキャットフードを選び、お湯で少しふやかすなど、お手伝いをしてあげてください。逆に、6か月になって去勢または不妊手術を受けたあとは、食餌の量に注意すること。子ねこのときと同じエネルギー量は不要だからです。それでも、あまり運動していないにもかかわらず、たくさん食べることがあります。その場合は、毎日決まった時間にフードを与えるとよいでしょう。しかし、それまでのあいだは、あまり気にせず、好きなだけ食べさせてやってください。

なでなでする？

　　子ねこを引き取るとき、飼い主さんはその子を永遠になでなでする、癒しの時間をすでに夢見ていることでしょう。ああ、でも、悲しいかな、そうしてやっても子ねこちゃんは、あまり喜んでくれないのです！　最初の1か月間、子ねこはママに身を寄せて、愛情も温もりもお世話もお乳も何もかも提供してもらいます。巣から外に出たとき、子ねこの頭にはテリトリーを探検することしかありません。

　　それでも、人とのコンタクトを求めて来るときがあります。大抵の場合、飼い主さんの腕に抱かれるよりは、いっしょに遊ぼうと思っていることのほうが多く、長い時間、抱っこすることはできません。仕方がないので、飼い主さんは子ねこが眠るのを待って、なでなでしようと思います。ところが、あらゆる動物（人間も？）がそうであるように、ねこはぐっすり眠っているところをじゃまされるのが大嫌い。でも夜になったら、兄弟たちといっしょにママの胸に抱かれて寝ていたころを思い出して、温かくて快適なおふとんの上で寝ようと、飼い主さんのベッドを訪れるかもしれません。その場合の選択は重要です。というのは、ひとたびベッドでいっしょに寝ることを許してしまうと、あとでその習慣をやめさせることはきわめて難しいからです。

いたずらマシーン

　子ねこは、何があるかも、何が起こるかもわからない家のなかを探検してまわります。その過程で、しょっちゅういたずらをするのは避けられません。爪を立てて、布類を傷めたり破いたり。よじ登ろうとして、テーブルの上にあるものをひっくり返したり。床に落ちているものをかじったり。しかし、いかなるときでも、飼い主さんを困らせるつもりはありません。何やら悪いことをしてしまったというのは感じているはず（たぶん……）ですが、すぐにまた同じことをはじめます。

　生後2か月を過ぎると、困った行動をやめさせることは可能です（何度も繰り返しているうちに習慣化します）。しかし、その場合は、現行犯で捕まえなければなりません。子ねこは過去のことを記憶しておらず、ごく最近にあったことでも同じです。当然のことですが、叫んだりたたいたりしては絶対にいけません。怯えて攻撃的になるおそれがあります。こんなときは、獣医さんが「神の手」と呼ぶ罰を与えるのがいちばんです（子ねこを叱った人間のせいにされずにすみます）。それは、水鉄砲で水をかけること。こうすると、濡れた子ねこは慌てて逃げだし、少しずつ同じようないたずらをしなくなります。反対に、良いことをしたときは、思い切りほめて、ご褒美をあげましょう。

怖がり屋さん

その子の性格次第ではありますが、周囲の環境を知るあい
だ、子ねこは警戒し、多少なりともびくびくしています。引き取
られたあと、子ねこはあらたなテリトリーを前に、征服者のごと
く勇敢にふるまうわけではありません。周囲の様子を観察する
時間が必要です。なかには、ベッドの下のような手の届かない
奥まった場所に逃げ込んでしまう子もいます。その場合も、単
に慎重なだけで、永遠に臆病で、じっとしているわけではありま
せん。しばらく、そっとしておくことです。無理に出てこさせて、
家族全員の目にさらすようなことは、さらに怖がりますのでしな
いでください。ねこは自由に行動することを好みます。放ってお
くほうが、新しい飼い主さんに対する信頼が増すでしょう。

いずれにしても、そのうちお腹がすいて、または好奇心から、
自分から隠れ家を出て、おっかなびっくりあたりの様子をうかが
います。もちろん、フードや水を入れた食器、トイレなどを設置
して、子ねこのための決まったスペースをあらかじめ準備してお
きましょう。おもちゃや爪とぎ器も忘れないように。ここまできて
ようやく、子ねこはそれぞれのペースで飼い主さんに興味を持
つようになります。怖がりだからといって、必ずしも過去に虐待
された経験があるわけではありません。それがその子の性格で
あれば、大人になっても変わらず、そのままです。偉大なる冒険
家にはならないかもしれませんが、別の長所があって、飼い主さ
んとってはそれが何よりもかわいく思えることでしょう。

嫉妬とは無縁の世界

　ねこは嫉妬と縁がありません。嫉妬を覚えるには、もっと複雑な精神構造が必要です。しかし、人はねこを嫉妬深いとみなすことがよくあります。これは、飼い主に対する愛着を強調するために、動物を擬人化しているためだと考えられています。子ねこの日常に新しい人物または同居ねこがあらわれたとき、何か支障が生じたとしても、それは嫉妬によるのではなく、いつもの習慣を乱されたことに耐えられないからです。実際、こうした変化は、ねこにとっては大きなストレスで、その結果、毛づくろいをしなくなったり、攻撃的になったりすることがあります。したがって、飼い主さんには、ねこのスペースも1日のスケジュールも、何も変わらないように努めることが求められます。ねこにとって脅威となるような未知の匂いが、家のなかに入ってくることを完全に防ぐのは無理かもしれませんが、実質的な変化を避けるように心がければ、動物は落ち着きを取りもどすでしょう。

　ときに、子ねこが同胞のねこに嫉妬をしているように見えることがあります。しかし、それはなんでもありません。おっぱいにたどり着こうと容赦なくぶつかり合うのは、お乳を飲むためにそうせざるをえないのです。ねこはいつも礼儀正しくふるまうとは限りませんから。

にゃおーん！

　ねこのコミュニケーション手段は、ボディランゲージ。姿勢、耳やしっぽの動きなどが該当します。これを補うのが鳴き声のバリエーション。次第に飼い主さんも、ねこが言わんとしていることがわかるようになります。

　ごく小さいころから、子ねこは鳴き声をマスターするべく、練習を重ねます。やたらに声をあげて鳴きますが、その割には成猫のような微妙なニュアンスに欠けていることはないでしょうか。鋭い声で、まるで追い詰められたかのように鳴くと、思わず笑ってしまいます。子ねこは喜んでいるときもよく鳴きますが、うるさいぐらいに鳴くときは、大抵、何かを欲しがっています。明瞭な声を意図的に響かせ、行ったり来たりしながら、しつこく鳴くのが特徴です。訴えるような震える声で鳴くときは、怖がっていないか、どこか痛くないか、助けを求めに来たのではないか確認してください。

　子ねこはときに思いがけない行動に出て、飼い主さんをおもしろがらせることがありますが、本人はいたって大まじめ。たとえば、毛を逆立て、歯をむき出し、床に転がっている靴下に果敢に攻撃を仕掛けるときなどです。

一家揃ってゴロゴロ

　一般に、子ねこはお乳を飲んでいるとき、母親とともにいる喜びのしるしに喉を鳴らし、母ねこも同様にするといわれています。喉を鳴らすことはネコ科の動物に特有の行為で、生後2日から認められるそうです。これは、何よりも喜びを表明する行為で、単独でも集団でもゴロゴロいわせます。こうして、子ねこは母親や兄弟たちといっしょに、またはひとりでも喉を鳴らします（たとえば、エサがもらえそうだと思ったときなど）。また、病気になったとき、不快に感じたときも同様に鳴らすことがあります。

　ねこのゴロゴロ音には鎮痛効果があるとされています。コンスタントに鳴らすこの低音は、幸せホルモン、エンドルフィンの分泌を促すのだとか。子ねこも喉を鳴らしながら、自身の痛みを和らげ、マイナスの感情と戦い、安心できる雰囲気をつくります。それにしても、この人を幸せにするゴロゴロという音はどこから来ているのでしょうか？

　意見は分かれています。隔膜の収縮と喉頭の筋肉の振動が交互に訪れることから生じるという人もいれば、圧力の上昇により大静脈の壁が振動し、それが気管支、次いで上気道に伝わって出るのだという人もいます。ねこが喉を鳴らす音は、今もまだ十分に解明されておらず、科学者にとっては謎なのです。いずれにしても、この不思議な喉の音は、子ねこが現在の暮らしに満足し、これからの幸せを願っているしるしであることに変わりはありません。

眠りの秘密

　生まれたばかりのねこは、1日の90%にあたる約20時間を寝て過ごします。子ねこの1日の行動といえば、兄弟姉妹といっしょにママのお腹に身を寄せて、丸くなって過ごすこと。子ねこは、まだ自分で体温を調節することができないので、家族のぬくもりで自分の体を温めているのです。それに、すぐそばでおっぱいを飲めるので安心です。

　初めのころ、子ねこはたちまち大きくなり、最初の1週間で体重は2倍になります。そのせいで子ねこは疲れやすく、睡眠が成長を助けているといえます。子猫の眠りは浅いので、寝ているところをじゃまして、起こさないように注意すること。子ねこが大きくなるにつれ、周囲の環境を知るなかで感覚が発達します。毎日、テリトリーを探検してカロリーを大量に消費するので、短い睡眠を繰り返して体を休めます。生後3週を過ぎると、子ねこの1日は起きている時間と寝ている時間に分かれます。子ねこの睡眠には、20〜25分の深い眠りと、それに続く約5分のレム睡眠があります。眠りに就いている子ねこに耳を寄せると、何やら小さな音を立てているようです。夢を見ているのでしょうか。でも、どんな夢？　しかし、この点について説明してくれたねこはこれまでにいません！　この時間はとくに、子ねこを起こさないよう注意してください。深く眠っているので、それを中断しないこと。また、この時期、子ねこは兄弟たちと離れ、居心地がよく、安全な高い場所で寝ていることがあります。

　生後2か月経った子ねこの睡眠は1日に12〜16時間程度で、成猫とほぼ同じです。

REPOS BIEN GAGNÉ 6

戦う子ねこちゃん！

　背中を丸め、横に歩き、毛を逆立てて、しっぽをふくらませ、耳を伏せ、ひげをピンとさせ、瞳孔が開き……。こんな子ねこをみたら、兄弟のうちのだれか、家に侵入してきた知らないねこ、またはありふれた物体にけんかを仕掛けているところです。でも、教育不行き届きだと、母ねこを責めてはいけません！ 本能の命ずるまま、子ねこは自力でテリトリーを守り、敵を威嚇しているのです。兄弟姉妹のあいだでしたら、単に遊んでいるだけで、子ねこはうなることも爪を出すこともありません。

　同じように、飼い主さんの手や足を攻撃してくることも。習慣になるので、この場合はされるがままにせず、攻撃することのできるおもちゃを子ねこに与え、飼い主さんはその場を離れます。人間の手は、ねこをなでるためだけにあるのです。

　子ねこが別のねこ（たとえば、自分のあとに引き取られたねこ）に対して攻撃的な様子をみせたときは、怖がっている証拠。未知のものが突然侵入してきて、習慣が乱れるのがいやなだけで、テリトリーにこだわる動物には普通にみられる傾向です。そんなときは、子ねこをやさしくなでて、安心させてあげましょう。

　ねこにも思春期（オスは生後５〜８か月、メスは発情期が始まるころ）があって、その時期は兄弟姉妹のだれかとけんかをすることがよくあります。小さくてもオスねこは、意中のメスを取り合って争いますし、発情期になっていないメスねこの場合、オスねこのプロポーズを激しい剣幕で退けます。そんなときは、単なる遊びでは済みません。唯一の解決法は、去勢または避妊手術を受けさせることです。

すべての爪をむき出しにして

　子ねこが噛みついたり、爪を立てたりするからといって、必ずしも攻撃的なわけではありません。遊んでいるうちに興奮して、まだ「武器」をちゃんと制御できていないだけ。ねこの歯は、周囲の環境を知るのにとても役に立ちます。子ねこがしばしば人の足首に噛みつくのも、そのためです。

　生後3か月以前に母ねこから引き離された子は、通常の乳離れができた子と比べて攻撃的になるケースが多く認められます。乳離れする前に、母ねこが歯や爪の制御法を子ねこに教えるからです。また、いやがる子ねこを無理に抱いたり、なでたりしたときも、自由になろうとして引っかいたり、噛みついたりします。同じようなことが何度も繰り返されると、その子はすぐ逃げるか、攻撃するようになるので、子ねこの気持ちに配慮したほうがよいでしょう。今はまだ大したことはなくても、大人になったら、噛み傷や引っかき傷で痛い思いをすることになります。ハンターとしての本能から来る噛みつき癖を満足させるには、そのためのおもちゃを与えればだいじょうぶ。子ねこは好きなだけ、それに噛みついています。

テリトリーのしるし

　子ねこが一定の場所につける爪の跡は、自分が通ったという
しるしです。テリトリーに痕跡を残すのはねこの本能。やめさせ
ようとしてもムダですし、悪影響もあります。一度やめさせたと
ころで、子ねこはソファ、テーブルや椅子の脚、カーテンの裾に
気をそそられて、また引っかきます。本能でやっていることです
から、キャットタワーなどを置いて、爪を立てたがるねこの関心
をそちらに向けるほうが賢明です。また、ひもや木材、カーペッ
トなどを取り付けた爪とぎ器を与えるのもよいでしょう。

　子ねこは、上から下へ、いつも決まった場所で爪をとぎます。
そうすることで、ここは自分の場所だと思えるのでしょう。だれ
も気づかない、離れた場所にしるしをつけることには興味がな
いようです。実際、爪をといだ跡が残っているのは、人がよく通
る場所（たとえば、玄関）、みんなが集まる場所（リビング）、子
ねこのテリトリーに近い場所（食事スペースやいつも寝ている
籠のそば）です。設置した爪とぎ器を使ってもらうには、最初に
ねこの足でこすって匂いをつけるとともに、使い方を教え、実際
にそこで爪をといだらほめてあげましょう。

IL ETAIT UNE BERGERE

Elle fit un fromage,

Eh! ron, ron, ron,

> *petit patapon.*

Elle fit un fromage

Du lait de ses moutons,

> *Ron, ron.*

Du lait de ses moutons.

Dessin de H. GERBAULT   Édité par DE RICQLÈS & Cⁱᵉ

LES CHANSONS (2ᵉ Série)

よく遊び、よく学ぶ

　他の動物の子ども（おそらく、人間の子どもも）と同じように、子ねこは遊びながら多くのことを学びます。遊びは好奇心を刺激し、筋肉の緊張を高め、敏捷に素早く動くエクササイズになります。また、動きまわり、走って追いかけることは、子ねこのハンターとしての本能を満足させます。休息をとるための数回のお昼寝を別にすれば、子ねこは1日じゅう熱心に遊んでいて、遊びに傾けるこのエネルギーこそ、子ねこの健康の 源（みなもと） です。遊びに熱中している様子がみられない場合は、無気力などが疑われます。

　その後、何年ものあいだ、遊びはねこの1日の活動で重要な位置を占めます（年をとるにつれて、あまり遊ばなくなりますが）。ただし、大量のおもちゃは不要です！ 実際、いろいろな仕掛けがついていても、ねこは覚えていません。興味を惹かれた遊びが気に入れば、その後も飽きることなく、延々同じことを繰り返しています。精巧で高価なガジェットを与えなくても、ごくシンプルなもので（音のする、またはスポンジ製のボール、マタタビ入りの蹴りぐるみ、ばねのついたネズミ、羽根のついたねこじゃらし、前足でじょうずに動かすとおいしいおやつが出てくるおもちゃなど）、子ねこは十分楽しいのです。

　子ねこは、大抵ひとりで遊んでいますが、ボールを使ったゲームやかくれんぼなど、飼い主さんが相手をしてあげるととても喜びます。

ちびっこハンター

　離乳期に相当する生後1〜2か月のあいだに、母ねこは狩りのテクニックを子どもに伝授します。床に伏せて様子をうかがうときの姿勢や、ねらった獲物を捕まえるときの飛びかかり方を実際にやってみせたあと、いっしょに遊びはじめます。子ねこを揺さぶり、前足で押し、放り投げたりするので、残酷にみえるかもしれませんが、このようにして狩りのレッスン中に高まった緊張から子ねこを解放しているのです。遊びのなかで、子ねこは母親から教わった動きを自分でもまねしてみます。ボールのあとを追いかけて、噛みついて、転がして、飛びついたと思ったら、また転がして……。遊んでいるというのに、子ねこはいたって大まじめ。外に出る機会があれば、実際に獲物を追いかけて、飛びかかることでしょう。

　実際、子ねこが大きくなると、機敏な動きで獲物をしとめ、うれしそうに飼い主さんに見せに来ることがあります。そんなときは叱るのではなく、大いにほめてあげること。子ねこは手柄を立てることができて、誇りと喜びでいっぱいです。犠牲になったネズミやリスの赤ちゃんを前に、人が悲しんでいるとは思いもよりません。

小さなどろぼう

　　子ねこの嗅覚は鋭いので、キッチンからおいしそうな匂いが
してきたら、すぐに嗅ぎつけるだけでなく、小柄で柔軟な体で、
思いもよらない場所にもぐりこみます。なかには、テーブル、食
器棚、仕事机など、あらゆるところによじ登るクライミングの
チャンピオンも。つまり、子ねこは小さなどろぼうの資質をすべ
て兼ね備えているのです。たとえ十分フードをもらっていても、
肉の切れ端、お菓子のかけら、ときには野菜に至るまで、手に
入るものならなんでもあっという間にくすねていきます。ごみ箱
に頭を突っ込んでいるところを捕まえることだってあります。こ
の困った習癖を治すには、いったいどうすればよいでしょう？

　　キッチンに入らせないのがいちばんですが、フードをキッチン
に置いている場合など難しいことがあります。反対に、テーブル
の上に飛び上がらないようにさせるのは比較的簡単。子ねこが
飛び乗る姿勢をみせたら、手をたたいて音を鳴らしながら、短
くはっきり「だめ！」と言うことです。それを何度も繰り返してい
るうちに、禁止されていることがわかって、それに従うようになり
ます。

　　飼い主さんのほうでも、子ねこを膝に乗せて食事をすること
は避けてください。人間のお皿から食べものをやるのもいけま
せん。ねだり癖がつきます。フードはねこ用の食器に入れて、
家族が食事をしているところに子ねこが近づいてきても無視す
ること。しつこくおねだりされて困らないようにするには、これが
いちばん良い方法です。

音 楽 の 友

　音楽マニアとまではいえませんが、子ねこは音楽が流れてくると反応します。それぞれの曲について、メロディの良し悪しを判断できるわけではないのですが、音楽をかけることで子ねこがごきげんになるのはたしかです。ボリュームいっぱいまで上げた、激しい曲がお好みでないことは容易に想像できます(たとえば、ヘヴィメタル、パンクなど)。こうした音楽は、子ねこを苛立たせます。心を鎮める効果があるクラシックのファンでもなく、関心がないようです。

　ねこがリラックスできる音楽を作曲しようとする人がどう思おうと、子ねこはどちらかというと、ゆっくりとした繰り返しの多いメロディより、ダイナミックな音楽を好みます。それはなぜでしょう? この問題を解明するために実施された研究によると、動物は自分の心臓のペース(ネコ科の動物では比較的早め)と発声のテンポに合致した旋律を好む傾向にあるのだそうです。この結果をもとに、米国の研究者たちがねこに特化した音楽を作りました。人間の声と比べてねこの鳴き声は高音であるため、曲もそれを反映しています。ねこが喉を鳴らす音、舌を鳴らす音、だれかに呼びかけるときの微妙な音を取り入れているのだそうです。

子ねこの性格

　子ねこの個性は、さまざまな要因によります。生後数週のあいだに受けた影響、母ねこの教育、同居している動物や人との関係……。成長するにつれて、飼い主さん、環境、日常で起こるさまざまな出来事に応じて、子ねこも変わります。そう考えると、小さいうちからこの子の性格はこうだと決めつけることはできないでしょう。

　それでも、いっしょに暮らして間もないうちから、子ねこの将来にかかわる性格がみえてきます。怖がり屋？　それとも大胆不敵？　初めて巣の外に出たときは、慎重にふるまうのが普通です。それでも、飛び上がったり、床に伏せたり、物陰に隠れたり、ママのところへ逃げもどったり、落ち着きのない子もいれば、ものごとに動じない大物の器を予感させる子もいます。甘えっ子？　それともクール？　子ねこのうちは、飼い主さんの膝に飛び乗ったり、ゴロゴロいいながらすり寄ってきたりすることが多いかもしれません。

　こうした性格の違いは、いずれわかってきます。おとなしい子と比べて、活発な子は大人になっても変わらないことが多いようですが、一般的には年をとるにつれ、ねこの性格も丸くなります。教育によって一定の傾向が改善されることもあり、大人になってから習慣を変えさせるよりも、子ねこのうちにしっかりとしつけておいたほうが簡単です。やたらに食いしん坊だったり、食べものをかすめたり、気難しかったり、嚙み癖があったりしても、それがいつまでも続くわけではありません。

品種による特徴

　個人的に、または保護ねこ団体から子ねこを引き取る場合は、もとは野良ねこだった子が多いと思います。たとえば、フランスのねこの95％は雑種。血統書を持っていないねこは、あらゆる種が混じり合っています。体型をひとつとってみても、個体により小型、大型、長毛、短毛と多岐にわたり、被毛の色や模様に至っては実に多種多様。性格についても同様で、判断基準はありません。ごく一般的にいうと、野良ねこは素朴で機敏、独立心が強いことが挙げられ、じょうぶで、特別な世話を必要としません。短毛で、すらりとした体型のねこはよくじゃれるといいますが、科学的な根拠はありません。血統書を持っているねこには特定の性格が認められるといわれますが、実際のところ、どうなのでしょうか？

　これに関しては、観察を通じて確認されています。バーマン、ロシアンブルー、ペルシャ、ブリティッシュショートヘア、スフィンクスは人なつこく、ヨーロピアンショートヘア（野良ねこと混同されることがよくあります）、ターキッシュアンゴラ、デボンレックス、メインクーン、オリエンタル、ソマリはダイナミックで遊び好きです。犬みたいにどこにでもついてきて、コミュニケーション好きで、かまってほしがるねこもいます。その代表がシャム。飼い主さんにとてもなつきますが、一方で強情な面もあります。

Bonne Anneé

最初はユニセックス

　生まれて最初の数週間は、オスとメスの違いはありません。個体によって性格は異なりますが、性差とは無関係です。メスはおとなしくて、人なつこく、言うことをよく聞くとか、オスは遊び好きで、バイタリティにあふれているとかいいますが、必ずしもそうとは限りません。しかし、成長するにつれて、オスの子ねこは体が大きく、がっしりしてきます。

　成長の初期段階ではまだ生殖器が十分発達しておらず、見分けがつきにくいため、子ねこの性別を調べるのはなかなか難しいことです。子ねこのしっぽを持ち上げると、穴がふたつあります。メスねこの場合、ふたつの穴は接近しており、あいだの距離は0.6cm、それに対して、オスねこは1.3cmです。また、メスの生殖口は細長く、オスは丸いという違いもあります。思春期（生後6か月ごろ）になると、性差がめだってきます。メスねこは生後4か月ぐらいで発情期に入ることがありますので、春になったら要注意です。床や家具、飼い主さんに体をこすりつけ、大きな声で長く鳴きます。オスねこは落ち着きがなくなり、あちこちにおしっこをかける「マーキング」をします。また、外に出たがり、ほかのオスねことけんかをしたり、メスねこを見ると有無をいわさず飛びかかったり。解決する方法はただひとつ、避妊または去勢手術をすることです。それでねこが苦しむことも、成長に影響を及ぼすこともありません。

PREMIÈRE OCCUPATION 2

個性豊かな兄弟姉妹

　発情期のメスねこが、厳重な見張りの目をかいくぐって、複数のオスねこと交尾し、妊娠することがあります。その場合、お腹の子どもの父親が異なるため、子ねこはあまり似ていません。たとえ父親と母親が同じだったとしても、ママに似ている子もいれば、パパに似ている子もいます。さらに、遠い先祖の血を受け継いでいることも。同じひと腹の子なのに、被毛が長かったり短かったり、しま模様の子がいるかと思えば、黒、赤茶、ブルーなど、色もばらばら。しかし、驚くことはありません。場合によっては、純血種のオスねこがメスねこのナンパに成功して妊娠させたせいで、ネコ種特有の面影を宿した子どもが生まれることがあります（ただし、血統を受け継ぐことはできません）。さらに、太っている子、痩せている子もランダムに入り混じっています。大切なのは、それぞれどんなに違っていようと、すべての子に世話を怠らず、ママのお乳がまんべんなくゆきわたるようにすることです。

　外観だけではなく、気質も兄弟姉妹でそれぞれ異なります。おとなしい子、元気いっぱいの子、好奇心旺盛な子、慎重な子、甘えっ子、ひとりでいたがる子……。いっしょに生まれた子ねこのなかから1匹を選んで引き取るときは、事前によく観察して、気に入った子を選ぶとよいでしょう。

最初のお友だち

　子ねこの頭のなかには、ふたつのことしかありません。食べることと遊ぶことです。

　おっぱいを飲むときは、おたがいに容赦がありません。ママの脚のあいだで、押し合いへし合いし、踏んづけて、つぶされて……。良いお友だちにはとてもみえません。けれども、実際のところ、相手を攻撃しようなんてまったく思っていないのです。生き残るための本能がはたらいて、じゃまするものを反射的にどけようとしているだけで、爪も立てていませんし、噛みつくこともありません。ひとたびお腹がいっぱいになったら、いつものように丸くなり、身を寄せて温め合いながら寝ています。

　生後1か月が過ぎ、そろそろ巣を出て外の世界へ冒険に行くようになると、子ねこの態度ががらりと変わります。もはや遊ぶことしか頭にないのです。追いかけ、じゃれ合い、噛みつき、ねこキックと、本気でけんかしているようにみえます。でも、心配はご無用。子ねこは遊ぶなかで、大人のねこへと成長してゆくのです。ママのおっぱいをめぐって、ひと悶着起こることもありますが、怒りはその場限りで、おたがい恨みっこなし。すぐにまた、お友だちにもどります。

子ねこのベッド

　子ねこは、快適で温かい場所が好き。たとえば、ソファやひじ
掛け椅子の上などです。しかし、ねこ専用の寝床があれば、好
きなときにいつでもそこで眠ることができるでしょう。置き場所
は、家のなかで子ねこが好んで寝ている場所がどこか観察して
決めます。飼い主さんからあまり離れておらず、人通りが少な
い静かなところがよいでしょう。もしかしたら、子ねこは高い場
所がお気に入りなのかもしれません。ネコ科の動物は、基本的
にひとりでいるのを好みますので、テリトリーを見渡せる、背の
高い家具の上などにねこの居場所をつくりましょう。登りやすい
ように家具を配置するか、キャットタワーを置くとよいと思いま
す。さらに、子ねこは温かい場所が好きで、すきま風を嫌いま
す。お天気の良い日にはひなたぼっこ、冬ならストーブのそば。
快適さがいちばんなのです。

　その点では、カバーを取り替えることのできる、やわらかい
クッションを入れた籐のかごを用意してはいかがでしょうか。素
材も色もスタイルもさまざまで、洗濯のできるねこ用ベッドも市
販されています。体の大きさに合ったものを選べば、子ねこはそ
こを居心地のよい巣にするでしょう。さもなければ、人間のベッ
ドの上でのびのび寝ています。

生まれながらのきれい好き

　最初の1か月間、子ねこは自力でおしっこやうんちをすること
ができません。生まれてすぐはあまりにも小さくて、トイレに行く
のに立つことすらできないのですから。そのため、ママが排泄物
をすべて片づけることになります。数週間経ち、子ねこたちもハ
イハイができるようになると、母親はトイレの行き方を教えま
す。ネコ科の動物は生来のきれい好きですので、トイレを覚え
ることは難しいことではありません。3か月もすれば、子ねこは
自分の体をきれいに保つことができるようになります。

　しかし、例外もあります。しつけが完了する前に、母ねこから
引き離されたのかもしれません。その場合、飼い主さんが母ね
この役目を引き受ける必要があります。目をさましたときとフー
ドを食べたあとに、必ずトイレに入れるのです。子ねこがそこで
用を足すようになるのに、それほど時間はかかりません。引き取
られたばかりで、ストレスを感じている子ねこにも同じようにし
ます。最初のうちは、家のどこに何があったか、じきに忘れてし
まうからです。いつまでたってもトイレを覚えない場合は、病気
の可能性がありますので、獣医さんに診てもらいましょう。

　また、トイレが向いていないため、用を足したがらない場合が
あります。たとえば、トイレ砂。鉱物、木材、シリカゲルなど、ね
こによって好みがありますので、数種類を試して、気に入ったも
のを使います。トイレは食事スペースや寝床のそばに置かない
こと。さらに、ねこは人目を避けてトイレをする傾向があるの
で、プライベートのじゃまをしないよう、屋根のついたトイレを選
ぶのもひとつの方法です。

乳離れのとき

　生後4週まで、赤ちゃんはママのおっぱいを飲んでいます。固形物は、食べることも消化することもできないからです。1か月未満で引き取られた子ねこや、母ねこのお乳が十分出ない場合は、代わりに子ねこ用のミルクを哺乳びんに入れて飲ませる必要があります。

　生後2週から6週のあいだに乳歯が生えてきたら、ミルク入りのおかゆなどの離乳食に切り換えるタイミングです。少しずつ、肉の味を覚えさせましょう。肉のスープから始めて、ひき肉、子ねこ用のフード(総合食)へと段階を踏んで移行します。離乳食を食べるようになると母ねこの負担は減り、お乳もあまり出なくなります。子ねこが大きくなるにつれて、母ねこは子ねこがおっぱいを飲みに来ても、うなって押しもどしたり、パンチしたりするようになります。トレーニングの一環で、ママのお皿に入っているカリカリにも挑戦。子ねこが喉を詰まらせることのないよう、サイズの小さいフードを選んであげましょう。生後8週間経つと、乳歯が生えそろい、子ねこはひとりでフードを食べることができるようになります。

　乳離れは、ねこの一生のなかでとても重要なステップ。母親のもとを離れ、自立するときが来たのです。

子ねこの社会化

　はじめの1か月間、子ねこはほとんど何もせず、何も覚えず、ひたすらおっぱいを飲んで寝ています。4週経つと、ほかのねこの経験に学ぶ観察学習の時期に入り、子ねこは母親の行動をよく見てまねるように。子ねこがひとりで生きてゆけるように、母ねこは日常の行動（毛づくろいをする、フードを食べる、トイレの砂をかける……）をひとつずつ具体的に示していきます。説明されなくても、子ねこは母親がすることをまねるという原則がちゃんとわかっており、それぞれの行動が自分の健康な生活を保証するとあって、母親をみつめる子ねこの目は真剣です。

　生後8週で乳離れはほぼ完了しますが、これですべての教育が終わったわけではありません。次は、飼い主さんや兄弟たちと、状況に応じてどのようにコミュニケーションをとるかを母ねこから学びます。3か月になると、子ねこは最後の社会的教育を修了し、これからはママに頼らず、学習したことをもとにひとりで生きてゆくのです。

ママは先生

　自分の体と環境に応じて、これからの人生をどう生きてゆく
かを母親が子どもに伝えるのは、人間も動物も変わりません。
最初の数週間で、母ねこは、生きていくのに必要最低限のこと
を子ねこに教えます。それには、食べる、飲む、トイレをする、毛
づくろいをする、爪をとぐなどが含まれます。したがって、生後
12週以前に母親から引き離された子ねこの場合、こうした習慣
を身につけることは簡単ではありません。

　マンションで完全室内飼いの場合でも、自然の本能に従って
生きることは教える必要があります。たとえば、狩りをすること
は一生ないとしても、母ねこはおもちゃを使って、獲物をどう捕
まえるかをみせます。そのためにも、子ねこ用のおもちゃを準備
してあげてください。さらに、想定される敵に挑み、危険を前に
逃げる方法も知っておかなければなりません。

　さらに、悪い習慣をやめさせるのも母ねこの役目。迷うことな
く、前足で、または噛んで子ねこをいさめます。子ねこが噛みつ
くとか、爪を引っ込めないままからんできたら、即座にやり返す
のです。痛い思いをした子ねこは、同じことを繰り返さなくなる
でしょう。

　ねこの場合、父親や、いっしょに住んでいなくてもほかのオス
が子どもの教育に協力することは珍しくありません。メスねこと
いっしょで、同じ動作や姿勢を何度も繰り返すことで、できるだ
けのことを教えようとしているのです。このように、ねこの社会
では、兄弟や人間とうまくやっていけるように、大人が手本に
なって子どもを育てていきます。

AU BON MARCHÉ

L'OMBRE   LE CHAT

ねこの母性

　メスねこが子どもに教えることができるのは、自分が母親にしてもらったことだけです。そのため、早くに母親から引き離されて育ったメスは、教えるのが得意ではありません。また、年若いメスも、子どもを顧みないことがあります。難産など、出産で痛い思いをしたメスも同様で、教育熱心とはいえないようです。

　しかし、一般的にいって、メスねこは母親の役割を完璧に果たします。妊娠中、お腹をていねいになめて、子宮のなかで成長を続けている赤ちゃんに刺激を与え、あやすように喉を鳴らしているメスねこをよくみかけるでしょう。出産後は敵から子どもを守るために、へその緒を噛み切り、胎盤を破って食べ、お産の痕跡を消します。生まれた子を前脚でかかえて温めているかと思えば、乳首を見つけやすいようお腹をさらしたり。子育てに関しては、何よりも経験がものをいい、出産回数が増えるにつれて、メスねこも慣れてくるようです。また、あらたに母親になったメスねこが、ほかの母ねこの行動をよく観察して、自分もそれをまねていることがあります。

　例外がないわけではありません。帝王切開で出産し、赤ちゃんがお腹から出てくるのを経験していないメスの場合、子育てを放棄することがあります。

みんな平等

　出産後、メスねこはすべての子ねこに分け隔てなく愛情を注ぎます。兄弟たちのなかで1匹だけ押しやったり、お乳を飲ませないようにしたり、育児を拒むケースがないわけではありません。しかし、それはその子が感染症などの病気にかかっていて、ほかの子ねこたちの健康を危険にさらすことがわかっているからです。

　一般に、母ねこはだれかを特別扱いすることなく、どの子に対しても辛抱強く、ごく穏やかに接します。あとで困ったことにならないように勝手なまねは許さず、従わないときはうなったり、罰したりすることも辞しません。また、母親が子ねこの首ねっこをくわえて持ち上げ、おとなしくさせるのを見て、慣れない人はその手荒さに驚くことでしょう。けれども、母ねこと同じ手段を獣医師も用います。首の後ろを正しくつかめば、子ねこが痛みを感じることはなく、じっと動かないで、処置や検査をするときもされるがままです。従わない子に対して、母ねこは容赦なく前足の一撃をお見舞いし、規律に従うよう求める毅然とした態度をとります。いつもまでたっても大人になり切れない子ねこは、バランスの取れた愛情により、当然のように罰せられますが、すぐに仲直りをして、最終的には母も子も恨みっこなしです。

ねこは夜行性

　ねこは夜行性の動物。夜のとばりが降りるや、ハンターとしての本能がめざめます。マンションで何ひとつ不自由なく育てられている子ねこでも心が騒ぎ、つかの間の狂気に捕らえられるのです。ねこを飼っている人ならばだれでも、愛猫が全方向に走り出し、カーテンをよじ登り、家具から家具へと飛び移り、背を丸め、うなり声を上げる魔の時間（といっても、15分ほど）に遭遇したことがあるでしょう。

　このようなねこの行動は、飼い主さんが1日家を留守にして、仕事から帰ってきたときにいっそう激しさを増します。それだけではありません。さあ、これからゆっくりしようというときに限って、ねこが騒ぎはじめるのです。文句を言っても、いわんやねこを罰しても、なんにもなりません。なにしろ、動物が本能に逆らうことはできないのですから。

　そんなときは、ハンターとしてのエネルギーを別のものに向けさせましょう。たとえば、おもちゃで誘って、あとを追わせるのです。子ねこは、仮想の獲物を捕まえて殺すことで満足するでしょう。魔の時間は長く続きません。目的を達したら、休息をとるため、いつもの場所でおねんねです。

スリスリするのはなぜ？

　子ねこがお気に入りの物や家具、人に何度も体をこすりつけるところを見たことがあるでしょう。そうすることで、少量の毛束を家のあちこちに残しているのです。ときには飼い主さんもイライラするでしょうが、決して禁じてはいけません。子ねこにとっては、このうえなく重要な行為なのです。

　実際、ねこのスリスリは名刺のようなもの。フェロモンをこすりつけて、自分が通ったことをほかのねこに知らせるのが目的です。この化学物質は人間が匂いをかいでも何も感じませんが、くちびる、目、あご、生殖器の周囲にある皮脂腺や肉球のあいだにある汗腺から分泌されています。それぞれのねこに固有の匂いはフェロモンによるもので、ネコ科の動物だけがこれを完璧にかぎ分けることができます。好んでこすりつけるのは、フェロモンの分泌の多い頭、胸、お尻です。

　来る日も来る日も、子ねこは同じ場所にやって来ます。スリスリによって自分のテリトリーであることを示し、安心するのです。大人になっても、相変わらずあちこちに体をこすりつけていますが、これをしないと不安に駆られ、神経質で疑い深く、よそよそしい態度をとるようになるでしょう。

♣ Love Matters

相 思 相 愛

　ねこが人間のペットになったのは、住むところと食べるものを
与えられたからだといわれています。けれども、ねこは戸外の
生活にも十分適応し、じょうずに狩りをして生きていくことがで
きるでしょう。また、いつも寝てばかりでなまけものだと非難さ
れることが多いのですが、睡眠時間は犬とそれほど変わりませ
ん。実際、ねこは自分を守ってくれる飼い主さんが大好き。ただ
し、たとえなでるためであっても、いやがっているのに抱こうとす
るなど、無理強いされることをとことん嫌っているのです。また、
日々の習慣をこよなく愛するねこは、自分や飼い主さんのルー
ティンが乱されるのも好みません。乱暴な動作や物音、ひっきり
なしに動きまわられるのもいや……。

　しかし、一度信頼を寄せた人にはよくなついて、明らかな愛
情のしるしをみせます。性格にもよるので、あまり寄って来ず、
膝の上でお昼寝をしないねこもいれば、反対に抱っこの好きな
ねこもいます。一般に、ねこの愛情のしるしはあまり目立たない
のですが、瞬きをする、頭を飼い主さんにこすりつける、髪や耳
をなめる、甘噛みをする、お腹を見せる、しっぽをぴんと立てる
ことなどでわかります。ねこの愛情を示す最たるものは、ゴロゴ
ロ喉を鳴らすことでしょう。

子ねこちゃん、いらっしゃい！

　　子ねこを呼んで、こっちに来てもらうのは容易なことではありません（成猫になっても同様です）。実際、すやすやと眠っているあいだはぴくりとも動きません。子ねこを探しているのに返事をしないのも、「待て」と命じたところで応じないのも、生まれながらの性質でしょう。その点、ねこは犬と根本的に異なっているのです。

　　名前を呼んだとき、それに答えることを習慣にしたいなら、まず名前に相当する音が自分と関係していることを理解させるとともに、記憶しやすい親しみのある名前にする必要があります。そのためにも、ねこの名を何度も呼んで、そのたびにやさしくなでてやることです。でも、なでるだけでは不十分かもしれません。その場合、いささか良心の呵責を覚えますが、ねこの名前を呼んだらおやつを与えることにします。もちろん、健康を損なうおそれがありますので、やりすぎてはいけません。慣れてきたら、段々と、ご褒美の代わりに励ましのことばをかけるようにしましょう。また、フードを与えるたびに名前を呼ぶのも効果があります。やがて、子ねこは自分の名前とフードを結びつけて考えるようになります。

　　飼っている子ねこが食いしん坊だったら、名前を呼ぶのではなく、カリカリの箱を振るだけでこっちへ来るようになります。しかし、それが意味するところは、食器に山盛りのカリカリを入れてくれるのではなく、キャリーに入れられ、病院に連れて行かれるのだと、子ねこはすぐに気がつきます。したがって、この作戦は特別なときに限ったほうがよいでしょう。

Heureuses Pâques

子ねこと赤ちゃん

　子ねこは嫉妬と縁がありません。嫉妬は人間に固有の感情なのです。

　ある日のこと、飼い主さんの家に赤ちゃんがやってきます。子ねことしてはおもしろくありません。普段の習慣が乱されるからです。子ねこが自分の不満をあらわすのに、トイレ以外の場所で粗相をすることがありますが、あらたに生活に侵入してきた赤ちゃんを攻撃することはまずないでしょう。

　最初のころ、子ねこは赤ちゃんの泣き声に驚いて、どうしたのだろうという顔をしますが、とくに関心は示しません。むしろ、長いあいだ赤ちゃんを観察して、匂いをかぎます。また、赤ちゃんの上から飛びかかるようなまねはせず、用心して一歩、また一歩と近づいていきます。これから先、長いあいだいっしょに暮らしてゆくことを示唆する意味でも、赤ちゃんと子ねこをおたがいに紹介してあげてください。

　しかし、赤ちゃんが思いもよらない行動に出ると、子ねこのほうでも怯えてうまく対応できず、最悪の場合、爪を出すこともありえます。ここで大切なことは、子ねこは悪気があってそうしたのではないことを理解し、罰しないことです。

　妊娠中はトキソプラズマによる感染症に気をつける必要がありますが、それ以外に、赤ちゃんと子ねこの共同生活にはなんの問題もありません。もちろん、子ねこの健康に注意して、定期的にノミの駆除などはしてください。衛生面に十分気をつけて、赤ちゃんと子ねこが早いうちから接するならば、仲よく共同生活を送ることができるでしょう。

Diabolo

"Even Baby plays it"

Louis Wain

子ねこと子ども

ねこも人間も、子どもは遊ぶことに並々ならぬ情熱を燃やします。大人の飼い主さんも、いっしょになって騒ぐことはできますが、子どもと同じように長い時間は無理でしょう。子ねこは、家庭内の子どもたちが発揮する限りなく想像力豊かな遊びが大好き。子どもは飽きることなく同じことを繰り返す一方で、絶えず新しいことを思いつくので、子ねこは親近感を抱くのでしょう。噛みついたり、引っかいたり、ねこが子どもに攻撃を加えることは決してありません。ただし、しっぽをつかんだり、前脚を持ち上げたりして、逃げられないようにした場合は別です。注意しなければならないのは、ねこにも感情があり、恐怖を覚えるということです。いまだ発達段階にある子ねこは、不器用で体も弱いため、あらゆる試練に耐えることはできず、痛い思いをすることも少なくありません。したがって、子ねこは好き勝手に扱えるおもちゃではないと、子どもに言い聞かせることも必要でしょう。

とはいえ、人間の子どもといっしょに成長する子ねこは、次第に家庭内の物音や騒ぎにも慣れ、落ち着きのない行動にも耐えられるようになります。習慣化すれば、もはや脅威と感じることはないでしょう。

CACAO
BENSDORP

LES HEURES DE BÉBÉ

8h LA TOILETTE

子ねこを気遣う

　成長と発見の過程にある子ねこは、成猫に比べるとずっとひ弱です。危険などまったくないのに、飛び上がったり、いきなり逃げ出したりする子ねこを見たことがあるでしょう。けれども、いくら人が危険はないと思っても、子ねこは現実に恐怖を感じているのです。たしかに、子ねこはしなやかな体をしていますが、その骨格はもろく、動きも依然、不安定。子ねこに無理な姿勢をとらせれば、けがをせずに体勢を立て直すのは難しいでしょう。おとなしい性格の子でも、手荒な扱いや曲芸の強制には耐えられません。とりわけ、食べているとき、トイレをしているとき、眠っているときはじゃまをしないよう注意が必要です。

　飼い主さんがいっしょに遊んであげると、子ねこはとても喜びますが、そのときもある程度自由にさせてやってください。また、子ねこにユーモアは通じませんから、食器を隠して反応をみるなどのいたずらはしないこと。子ねこといい友だちでいるには、ねこを笑いものにするのではなく、ねこといっしょに笑うことです。

子ねこの教育

　引き取られてきたばかりの子ねこは、遠慮がありません。戸棚のなかを快適な巣にしたり、興味を惹かれたものをかじったり、人間のベッドの上で眠ったり。飼い主さんのほうでとくに不都合がなければ、こうした子ねこの行為を禁じる必要はありません。

　準備のできた食卓に子ねこが登ろうとして、テーブルクロスに飛びつく様子はほほえましいのですが、大人になっても、食事のたびにねこがエサをねだるのは困りもの。問題は、どこにしつけのラインを引くかです。子ねことの関係が悪化するよりは、ダメなものはダメとしっかり教えるほうがよいでしょう。人間の子どもと同じで、教育の基本は一貫性、忍耐、信頼です。いい加減いやになって、禁止されていることを許すと、子ねこはわけがわからなくなり、チャンスがあれば何度でも繰り返すようになります。立派なソファで爪をといだり、飼い主さんのベッドにもぐりこんだりしたときは、現行犯以外、罰を与えてはいけません。たとえ証拠があろうと、ねこの記憶力では過去に犯したいたずらをあとで叱っても、関連づけて考えることができないのです。悪いことをしているときは、即座に短く「ダメ！」と言うこと。そうすれば、子ねこには飼い主さんが怒っていることがわかります。大声を挙げたり、たたいたりしてもなんにもなりません。子ねこが怖がるだけです。人間の手は、ねこをなでるためだけにあるのですから。

LES CHATS

子ねこはお利口さん

　子ねこには、本能と結びついた、基本的な反応と行動の力が備わっています。たとえば、狩りのテクニックは生まれながら身についていて、母ねこが示すお手本は単にそれを向上させるにすぎません。とはいえ、学習能力がないわけではなく、子ねこの知性を刺激することは可能です。しかし、犬と違って、ねこは飼い主さんに喜んでもらうために命令に従うことはないので、それは覚えておきましょう。ねこに芸（お座りやお手など）をさせたいなら、ご褒美、とくにおやつをあげるのが有効です。

　ねこが元気で、活発に行動してくれるだけで十分なら、いっしょに遊んであげてください。新しい感触、新しい形、新しい匂い……、こうした発見も、子ねこの脳を刺激します。それぞれの気質によって反応の仕方は異なりますが、一般的にいって、子ねこが興味を示さない場合はしつこく繰り返してもムダでしょう。子ねこは自分がしたいと思わない限り、動こうとしないからです。

魅惑の瞳

　人はねこの目に魅了され、ときには不安を覚えることさえあります。緑、青、黄、オレンジ、赤茶など、その色はさまざまですが、生まれたばかりの子ねこの目は、すべて同じ色、灰色がかったブルーです。ただし、目がまだ開いていないので、確かめることはできません。数日経って目が開くと、虹彩の膜の色が認められます。宝石のように澄んだブルーだったら感激しますし、反対にくすんだ色をしていたらがっかりします。ガラス玉のようにみえるのは、子ねこはまだ目がよく見えないからです。

　しかし、この時点で結論を出すのは早すぎます。色素が段々と虹彩に沈着し、最終的な色になるまで待ちましょう。生後3か月以降、遅くとも1歳になるころには色がはっきりします。目の色は遺伝とネコ種によって決まります。野良ねこの目は、黄や茶がかったグリーンのバリエーションで、意外なニュアンスに驚かされることがあります。シャム、バーマンなどのネコ種の目は、透き通るようなブルーです。LOOF(Livre Officiel des Origines Félines)では、品種によって目の色が厳密に規定されています。残念なことに、通常、子ねこを引き取るタイミングではまだ確定していないため、規定に合致しているかどうか確かめるのは不可能です。

被毛の話

　生後3か月ごろに、子ねこの被毛は赤ちゃんの毛から大人の毛へと次第に生え変わります。ガードヘアはまっすぐで太く、2種類ある下毛のうち、オーンヘアはガードヘアと同様、ねこの体を守るのが役目でもう少し細く、ダウンヘアは細くて密に生えていて、体を保温するはたらきをします。また、口のまわり、頬、目の上、前足の後ろに生えているひげも成長し、位置感覚をつかむセンサーの役割を果たします。

　また、子ねこの外観にも変化がみられ、毛がふさふさとしてきます。とはいえ、毛並みがまったく変わることはなく、短毛種のねこがペルシャのような長毛になることはありえません。さらに、被毛の色は多少変化しても、もとの色調はそのままです。したがって、赤毛のねこが黒ねこに変身することはありません。しかし、体の模様は、時とともに変わります。基本的に、ねこの模様はソリッド（単色）、タビー（縞または斑点）、カラーポイント（足の先、尾、頭など、体の一部に色が入ります）、バイカラー（2色）、キャリコ（3色）、ミンク（体の先端の色が濃いのが特徴）、セピア（ソリッドとカラーポイントのあいだのバリエーション）の7種類に分けられます。このように、ネコの体の模様は実に多種多様なのです。

子ねこの乳歯

　生まれたばかりの子ねこに歯はありません。2週間経つと、乳歯が生えてきます。生える順番は決まっていて、最初に切歯、それから犬歯、最後に前臼歯の順です。歯が生えそろうと、子ねこは嚙みくだくことを覚え、固形のフードも食べることができるようになります。初めての体験なので子ねこはうれしいようですが、母ねこにとってはちょっと迷惑。乳首を嚙まれて痛いので、おっぱいを飲む子を押しのけることが増えます。まだ幼い子ねこは間違って嚙みついたりしますが、そのうち母ねこが、もろくて尖った乳歯のコントロールの仕方を教えてくれることでしょう。

　生後3か月から5か月のあいだに、乳歯が次第に抜け落ち、同じ順序で歯が生え変わります。最後に口の奥にある後臼歯（乳歯にはありません）が生え、6か月ごろ、30本すべての歯が揃って完成です。永久歯は固くて鋭いので、状況に応じて獲物をしっかりくわえることができます。

初めてのカリカリ

———

　生後6週までは、子ねこも母乳で満足していますが、4週を過ぎたころから、腸内細菌の様子をみつつ、固形食に慣らすようにしましょう。最初、子ねこは新しいフードにびっくり。なにしろ、子ねこはまだ口にくわえることも、嚙みくだくことも、飲みこむこともろくにできないのですから当然です。いやがるようなら、強制しないこと。いずれ、自分から食べるようになります。子ねこの初体験を手伝ってあげるなら、少量のミルクでフードをふやかすとよいでしょう。ただし、牛乳は体に害をおよぼすおそれがありますので、子ねこには飲ませません。

　カリカリも子ねこ専用のものを選びます。体がまだ小さいこともありますが、成長期にある子ねこには、成猫よりも栄養たっぷりのフードを与える必要があります。最初の4か月間で、子ねこは速やかに成長し、成猫の75％の体重になります。ねこは肉食ですから、強い骨と筋肉をつくるため、とりわけ動物性のタンパク質は必須です。成長期に十分な栄養を与えることで、健康を維持することができます。

　ときには、鶏肉や魚を小さく切ったものをあげてもよいでしょう。子ねこにとっては味が変わってよいのですが、食いしん坊になるおそれがあります。

———

さすらいの動物

　ネコ科の動物が本能を失うことはありません。マンションで完全室内飼いの場合も同様です。子ねこは戸外(外の匂い、光、昆虫など)が気になって仕方がないのでしょう、しょっちゅう窓際に上がって、飽きずに外を眺めています。愛猫が自由に外の空気を吸いに出かけ、さすらうことを許可するか否か……、決めるのは飼い主さんです。

　いずれにしても、感染症から子ねこを守るため、戸外へ出す前にワクチンを接種することは欠かせません。また、連絡先を書いた首輪をするか、マイクロチップを入れるなどして、迷子になったときのための対策をしておきましょう。最初のうちは、子ねこが外出するたびに監督して、あてどのない冒険に出てしまう前に連れて帰ったほうがよいと思います。また、子ねこが家に帰って来るには、ここは自分のテリトリーで、居心地のよい寝床があって、なでなでしてもらえると認識してもらわなければなりません。しかし、大人になる前の年ごろのメスの場合、悪いオスと出会い、若くして母親になるおそれがあります。他方、若いオスは発情期にあるメスの呼びかけに抵抗できず、大人のねこと張り合った結果、けがをするかもしれません。最終的には、子ねこが6〜7か月になってアバンチュールを経験する前に、避妊・去勢手術を受けさせることでしょう。

Bonne Année

子ねこがいない !?

　　生まれて数か月のあいだ、子ねこは家のなかを探検してまわります。子ねこには、何もかもが目新しくてたまりません！ 好奇心に目を輝かせ、テリトリーを拡大してゆきます。冒険者よろしく、玄関のドアや窓が開いていたら、意気揚々と外の世界へ飛び出します。この年齢のねこは、外へ出ることが禁じられているとは思っていません。そのための策略をめぐらすことはないものの、チャンスが来たら逃さないでしょう。つまり、子ねこに家出をしたつもりはないのです。

　　おそれを知らぬ子ねこは、外の世界で危険が待ちうけているとは夢にも思いません。しかし、車の行き交う道路は大変危険です。大人のねこなら、エンジン音を警告だと察知できるでしょうが、子ねこだとパニックに陥って、事故に巻き込まれる可能性があります。それに、仲よくなろうとは思っていない近所の犬やねこたちにも用心しなくては。ほかにも、困った状況はいろいろあります。大きな水たまりに落ちるとか、やぶのなかで身動きがとれなくなるとか……。嗅覚があまり発達していないので、帰り道がわからず、迷子になることだって考えられます。ついては、危険に気づくだけの分別がついて、どうやって家に帰るか見当がつくようになるまでは、子ねこをしっかり監督しておいたほうがよさそうです。

リードでお散歩

　ねこは移動を好まないので、犬のようにリードをつけて、散歩に連れて行くことはしません。とはいえ、散歩は新しい匂いや感触を体験するよい機会で、ねこも喜びます。また、車に乗せるときや休暇に出かけるときの練習にもなります。ごく小さいときから、段階を踏んで、少しずつ慣れさせることが大切です。

　まず、ねこ用のハーネスを準備します。首輪だと、ねこが急に動いたとき、首にけがをするおそれがあるからです。次に、この附属品にねこが慣れるよう、家のなかで装着して遊ばせます（最初は1日に数分程度）。ハーネスをつけたあと、ウェットフードを与えると、食べているあいだに忘れてしまうのでちょうどよいでしょう。それから、リードをつないで室内を散歩します。まず、好きなように歩かせてから、一定の方向に歩くようにさせます。いよいよ、初めて外でリードをつけてお散歩する日が来たら、道路から離れた公園などの静かで落ち着いた場所を選びます。でも、ちゃんとお散歩ができるようしつけられた子ねこでも、子犬と同じようにおとなしくふるまってはくれません。木があれば登りたがり、やぶがあればもぐりこみたがり、本能の赴くままです。物音に驚くか、犬を目にしてパニックを起こしたときは、リードを引っぱってはいけません。やさしく抱っこして、安心させてあげましょう。

Heureuses ... Pâques

子ねこと子犬はお友だち

　子ねこと子犬が、けんかもせず、仲よくしている姿をよくみかけます。そもそも、ねこと犬は仲が悪いなんて、だれが言いはじめたのでしょうか？　反対に、子ねこも子犬も遊ぶのが大好き。遊び友だちができるのは、双方にとって何よりもうれしいことです。ともに成長し、大人になっても気の合う仲間どうし。また、家にほかの動物がいることは、社会性を育むうえでも役立ちます。そのうち、ぴったり寄り添っていっしょに寝るようになるでしょう。

　しかし、犬はねこに比べて成長が早いことが多いため、体の大きさや力の違いがわからず、ときとして子ねこが困るような事態を招くことがあります（ただし、ねこは賢いので、いつもうまく切り抜けます）。一方、子ねこのほうは、眠っているときやフードを食べているときにじゃまされることを嫌いますので、子犬がしつこくからんだり、食べているものを横どりしようとすると、猫パンチをお見舞いすることも。こんなふうに、ちょっとした仲たがいはありつつも、大きくなるにつれて、おたがいの行動を認め合うようになるでしょう。相手に不満がある場合、大人になったねこはうなって、高い場所にさっさと逃げてしまいます。犬も鳴き声を挙げますが、それ以上、事態が悪化することはありません。

先住ねこの悩み

　興奮した小さな毛のかたまりのような子ねこを家に迎えて、年老いた飼いねこが喜ぶだろうと思うのは間違いです。賢明な飼い主さんなら、先住ねこの1日のスケジュールや習慣が変わらないよう努めるでしょうが、未知の動物の匂いや思いもよらぬ行動や初めて聞く物音など、小さな闖入者がもたらす変化はどうしようもありません。けれども、先輩があからさまな敵意をむき出しにすることはなく、どちらかというと、子ねこを明らかに避ける態度をとるでしょう。

　したがって、先住ねこが子ねこに慣れる時間を確保してあげることが大切です。また、いっしょにいることを強いてはいけません。先輩の不信感を受け入れ、子ねこが遠慮のない突発的な行動に出ないよう注意してあげてください。次第に、それぞれが自分のスペースで落ち着くようになるでしょう。オスであろうとメスであろうと、大人はえてして新入りを守るもの。ときには、怒りもしないで、されるがままになっています。

　ただし、先住ねこが子ねこと逆の性である場合は注意が必要です。いつまでも仲のよい家族ではいられませんので、早めに避妊または去勢手術を受けさせてください。

Over the Garden Wall.

ねこと魚は共存可能？

　ねこの好物は魚です。あらかじめ骨を取り除き、できればいくらか加熱して、少量を与えてください。魚はタンパク質が豊富で、白身は消化が良く、脂がのっていると見るからにおいしそう。ほかのフードと組み合わせて食べさせるとよいでしょう。しかし、一部の魚にはビタミンを破壊する酵素が含まれていますので、注意してください。

　ねこが興味を惹かれるのは、お皿にのった魚ばかりではありません。水槽で泳いでいる魚もそうです。水中をひっきりなしに行き来し、口からあぶくを出す美しい色の観賞魚を、ねこはらんらんと目を光らせて眺めています。水槽内では、水草がゆらゆら揺れていて、ねこの好奇心をさらに刺激するでしょう。室内で、ねこが水槽にいたずらできないような場所は意外と少ないもの。それを考えると、ねこと魚の共存は難しいといわざるをえません。

　ねこにとっても、危険です。水槽の水には水質を保つための化学物質が含まれていますので、ねこが大量に飲むと体に害をおよぼします。ポンプやフィルターや照明の電源は、感電の原因になり、水槽のガラスにねこがよじ登って、なかに落ちることだってありえます。

　そういうわけで、残念ながら、ねこか魚か、いずれかを選んだほうがよさそうです。

Ai-je pêché ce rare poisson
Pour le bonheur d'un polisson

子ねこに特有の病気

　　生まれたときから、子ねこが病気にかかっていることがあります。多くの場合、妊娠中から認められる新生児特有の病気で、たとえば先天性の臓器の奇形は、成長に重大な影響をおよぼします。硬口蓋に裂け目が入っていると、フードをちゃんと食べることができませんし、目がちゃんと開かないこともあります。めったにないことですが、新生児の溶血性疾患も報告されています。これは、母ねことの血液型が不適合であるために生じる病気で、兄弟たちから離して、特別なフードを与えても助からない場合が多いのです。

　　無事に誕生しても、そのあと、さまざまな病気が子ねこを
眈々とねらっています。ときには、母ねこが病気を媒介することも。協調運動がうまくできない運動失調や、呼吸器の障害などは症状でそれとわかります。ねこが病気になったとき、診断をして、適切な治療をすることができるのは獣医さんだけですので、病院で診てもらいましょう。チフス、白血病、ネコエイズ、鼻風邪などの病気は、あらゆる年齢のねこにみられます。

　　しかし、通常、生後3か月で引き取られた子ねこはすでにワクチン接種を済ませ、元気な状態で新しい家に来ますので、ねこのすこやかな健康を維持するには、次のふたつに注意すればよいでしょう。すなわち、バランスのとれた食事と衛生管理です。

子ねこの健康のために

　一般に、子ねこはまったく手に負えないわんぱく小僧（または、おてんば娘）。ちっともじっとしていません！ 少しはおとなしくしてくれればいいのに、家じゅうのあらゆるものに攻撃を仕掛けます。でも、これが子ねこ本来の姿。遊んでいるのは元気な証拠です。健康を維持するうえで、遊びは欠かすことができません。

　元気がない場合は、慎重に観察する必要があります。どこも悪い様子がなくて、歩いたり飛び跳ねたりしていても、体重の変化には注意しましょう。生まれたばかりの赤ちゃんの体重は約100g。その後、毎週およそ80gずつ増えてゆき、生後3か月で1.5kg前後になります。この年齢の子ねこは、必ずしも丸々と太っている必要はありませんが、やせすぎでもいけません。消化管に異常があるようでしたら、病院に連れてゆき、原因は何か、フードを調整する必要があるか、獣医さんに相談してください。

初めての病院

　通常、子ねこは捕まえられてキャリーバッグに入れられるのが大嫌い。おまけに、いやな匂いのする騒々しい車に乗せられ、行ったこともなく、何をされるかもわからない場所に連れてゆかれるのは耐え難いことです。つまり、獣医師による診察は、子ねこにとって思いがけないプレゼントではまったくないことが容易にわかるでしょう。獣医さんは子ねこをやさしくていねいに扱いますが、悪いところがないかしっかり確認する必要があるので、子ねこが不意をつかれてもやむをえません。飼い主さんは、獣医師を信頼して、リラックスした雰囲気のなかで子ねこが診察を受けられるようにしてください。

　獣医さんとの長いおつきあいのなかで、最初の診察はとても重要です。売買契約を取り消し、不誠実な販売業者に動物を返す権利が認められる不治の病気に該当するかどうか、判断できるのは獣医師だけ。また、1回めのワクチンを接種し、駆虫薬を投与して寄生虫を退治してくれるのも獣医さんです。さらに、新米の飼い主さんには有用なアドバイスもしてくれます（訊きたいことが山ほどあるでしょう！）。それを考えると、子ねこのほうでは不満でも、病院での診察は避けられません。

　家に帰ったら、医師から禁止されていない限り、子ねこにおやつをあげてください。

子ねこの反抗期

　生後4か月になると、子ねこは母親から独立し、テリトリーを我がものにするようになります。家の壁や家具、庭の石や低木に、あごをスリスリ、爪をバリバリ。こうして、自分の匂いをあちらこちらに残し、仲間のねこたちに、ここは自分のテリトリーだと主張しているのです。寝ている時間も、1日16時間ぐらいに短くなります。起きているあいだの活動といえば、毛づくろい、そして何よりも、遊ぶこと！

　遊びに費やすエネルギーは膨大で、驚くほど大胆な行動に出ます。飼い主さんが定めた限界を超えて、禁じられていることをあえてしたがります。ハンターとしての本能にめざめ、飼い主さんまで攻撃の対象にするかと思えば、一転、ゴロゴロ、スリスリとまとわりついてきます。子育てをした経験のある方なら、こうした手に負えない行動に思いあたるふしがあるでしょう。そうです、子ねこは反抗期に入ったのです！

　人間でいう思春期に相当するこの期間、オスねこは、生後5か月ごろ、声変わりをします。鋭くかん高い鳴き声はなりを潜め、代わってしゃがれた大きめの声を響かせるように。また、テリトリーのあちこちにくさいおしっこをひっかけてまわるのもこの時期です。

　メスねこは、初めての発情期を迎えます。床にお腹をぺったりつけて、ゴロゴロ喉を鳴らしながら、大きな声でだれかれかまわずなでなでを要求します。ねこにとっても、飼い主さんにとっても、やっかいな時期が訪れたのです。

Heureuse Année

避妊と去勢

　ホルモンのはたらきと思われる徴候が認められたら、避妊または去勢の手術を考えましょう。オスねこの去勢は生後6か月から8か月のあいだに、メスねこの避妊は、最初の発情期（生後6か月ごろ）が始まる前が目安です。フランスの法律では、去勢も避妊も義務ではありません。しかし、去勢手術をすれば、オスが発情期のメスを求めて逃亡することはなくなるので、受けさせたほうが賢明です。また、ほかのオスねことけんかをして、みるも無残に敗北を喫し、けがをすることもありませんので、病院に連れていかずに済みます。さらに、飼い主さんが、くさいおしっこをひっかけるスプレー行為のあと始末をする必要もありません。

　メスねこは、オスを呼んでうるさく鳴くことがなくなります。自然にまかせておくと、ねこは年に1〜2回妊娠を繰り返すため、体に負担がかかり、寿命が短くなるという弊害もあります。それに、生まれた子ねこの引き取り手を探して、奔走するのもひと苦労。避妊手術を受ける前に、一度出産を経験させておいたほうがよいという人もいますが、根拠はありません。ねこの母性本能は、母親になって初めて芽生えるのです。

C. OHLER,

Bonne année

子ねこが大人になったら

　生後6か月になるまで、子ねこはみるみる成長します。この時期、消費したエネルギーを取りもどすため、子ねこは十分な量のフードを食べる必要があります。9か月から12か月経って大人のサイズに達するころには、成長もスピードダウン。1歳のお誕生日を迎えると、大人になったと思われがちですが、相変わらず遊びに熱中したり、いたずらを繰り返したり、以前とちっとも変わりません。大きくなっても、赤ちゃんのころの面影はそのままですが、飼い主さんにとっては、そこがまた愛おしく思えるのでしょう。

　このころまでには、去勢または避妊を済ませているはず。オスねこもメスねこも、手術後は、いくらか落ち着いてくるのが普通です。お子さんのいない家庭で、1匹だけ完全室内飼いをしている場合は、いっしょに遊ぶ相手がいないため、エネルギーの消費が減ります。ついては、フードの内容を見直しましょう。これまでと同様にたっぷり与えつづけると、ねこが肥満になり、健康上の問題が生じます。

　身体面で成猫になったら、精神面も同じように大人になるのでしょうか？　実際は、ねこの性格、家族や環境によります。いつまでたっても遊びたがるのは変わりませんが、一般にねこが成熟し、落ち着くのは3歳ごろ。そのころには、日ごろのしつけの成果があらわれるのではないでしょうか。

Bonne Année

フランスのねこカフェ

　ねこカフェは、日本が発祥の地。店内にいるねこの癒しの効果で、リラックスできるのが魅力です。来店したお客さんとのあいだには、ねこに無理強いをしない、ねこのほうから来るまで待ち、追いかけたりしないなどの取り決めがあります。また、ねこのいやがることをする客から守る目的で、ねこ専用のスペースもあります。

　しかし、こうした慎重な姿勢にもかかわらず、ヨーロッパではねこカフェに対する批判が根強いのはたしかです。お店側は、ねこは適切に扱われていると主張していますが、動物保護団体をはじめとする反対論者は、狭い場所にねこを閉じ込め、ストレスにさらしているのではないかと心配し、憤りを隠しません。当然、店では、ねこを注意深く観察して、マナーを守らない客の入店はお断りしていると反論しています。

　いずれにしても、まだ体が弱く、周囲の影響を受けやすい子ねこを店に出すことは、一部の例外を除いて（保護ねこ活動の一環として開催された譲渡会など）、許可されていません。日本で、こうしたイベントは盛況を博しています。主催者によると、試みが成功し、たくさんの子ねこがもらわれていったそうです。

Katze
Cat
Chat
Gatito 612

捨てねこ：フランスの場合

―――――――――

　ヨーロッパ諸国のなかでフランスは最大のペット王国ですが、捨てねこ・捨て犬が多いのもやはりこの国。毎年10万匹近く、すなわち1日に平均12匹ものペットが捨てられ、なかでも最大の被害者はねこです。

　一般に、ペットが家族から見捨てられるのはヴァカンスの時期が最も多く、全体の60%に達します。しかし、子ねこの遺棄は時期を問わず、とくに避妊をしていないメスから生まれた子が目立ちます。毛むくじゃらのいたずらっ子たちが家に来た当初は楽しいのですが、その後、ねこの飼育には責任を伴うことがわかって、厄介払いするのでしょう。哀れな子ねこが生き延びれば、捨てねこの数はさらに増えます。したがって、野良ねこを捕獲したときは、去勢または避妊手術を受けさせなければなりませんが、何よりも殺さないことが大事です。

　しかし、ねこの死亡は、病気やけがに次いで多いのが、保健所で殺処分される捨てねこたち。フランスでは刑法第521−1条に基づき、ペットの飼育放棄は懲役または罰金に科せられことを知っておくべきでしょう。

Bonne Fête

ひとりでお留守番

　子ねこは、日々、刺激を受けるのが大好き。とはいえ、家にひとり残されても、結構楽しく遊んでいます（ほとんど、寝ているのですが……）。もちろん、子ねこに必要なものは、すべて準備しておかなければなりません。清潔なトイレ、欲しいときに食べたり飲んだりできるフードと水を入れた食器、退屈を紛らわすためのおもちゃ……。また、侵入されたら困る部屋のドアは閉めておき、危険なものは片づけておくのを忘れないように。そうすれば、帰宅したとき、遊んでもらうのを待ちかねた子ねこちゃんの歓迎を受けられます。もし、いたずらの跡を発見することがあっても、もう覚えていないでしょうから、叱ってもムダです。

　しかし、4か月か5か月になるまでは、子ねこを半日以上ひとりにしておかないほうがよいでしょう。退屈のあまり目新しいことに挑戦し、危険な目に会わないとも限りません。また、家にある大切なものが被害を被ることも。いずれにしても、一般に、長時間のお留守番は子ねこの社会性に良い影響を与えません。

Je saute de joie...
A la pensée
de vous revoir !

子ねこと作家

　作家にとって、ねこは理想の動物。もの静かで、存在を主張せず、机の上にじっとたたずんでいます。散歩に連れていく必要もありませんし、仕事のじゃまもしません。喉をゴロゴロ鳴らして、白い紙を前に頭を抱える作家をやさしく慰めてもくれます。そんなねこに感謝を捧げるためでしょうか、ときに、作家は自分の小説に愛猫を登場させることがあります。しかし、ねこの子ども時代は長く続きません。長い孤独の伴侶となり、子ねこの個性が物語の構想にインスピレーションを与えるには短すぎます。したがって、当然、文学やマンガで有名になったねこは成猫ばかり。作品を読むと、作家はそれぞれ、自分がいかにもねこらしいと感じた特徴を強調しているのがわかります。

　シャルル・ペローの『長靴をはいた猫』では賢さ、ルイス・キャロルのチェシャ猫はミステリアスな輝きに包まれ、コレットの愛猫サアはとても官能的。エドガー・アラン・ポーは黒猫を苦悩の世界に突き落とし、フィリップ・グルックのねこは不条理な世界の哲学を体現しています。ベアトリ・ベックはねこを愛するがゆえに、子ねこのソワジグを物語の主役にした唯一の作家。お隣のマダムからもらった子ねこがしゃべり出し、学校に行きたいとねだるファンタスティックなお話です。

キャットショー

———————

　飼い主さんにとって、世界でいちばん美しい子ねこは、例外なく、家で飼っている子でしょう。なかでも、それに強い自信を持っている人は、キャットショーに参加し、審査員のお墨付きをもらいます。通常、キャットショーは子ねこ部門（3～6か月）とジュニア部門（1歳まで）に分かれ、血統書を持っている純血種のねこが出場し、一定の基準（目の色、耳の形、被毛の色、容姿の優美さ、健康、性格など）に基づいて専門家が評価します。そこでは、スタンダード（ねこの血統認定団体によって定められた審査基準）に合致していなければなりません。

　キャットショーでは、ねこたちはあちこち触られ、あらゆる角度から観察されます。いわゆる野良ねこにも（つつましく、「イエネコ」と呼ばれています）出場資格がありますが、このカテゴリーでは見た目の美しさがすべてではありません。最新の健康手帳を提出するなど、飼い主さんには客観的な証拠を示すことが求められます。キャットショーに出場するとなると、子ねこは駆虫薬を飲まされ、シャンプーやトリミングにも耐えなければなりません。アクセサリー（シュシュやバレッタ）をつけることは、もとの美しさを審査する観点から禁止されています。また、キャットショーには、多くの人が集まりますので、会場は知らない人ばかりで騒々しく、そのうえ待機や拘束の時間がありますから、子ねこにとってはいい迷惑。参加するときは、おとなしい子ねこに限定したほうがよいかもしれません。

世界最小のねこ

1975年、シンガポールに滞在していたアメリカ人のご夫妻が、野良ねこ3匹を米国に持ち帰り、ブリーダーを始めました。その子孫であるシンガプーラは、1988年、CFA（The Cat Fanciers' Association）によって認定され、以降キャットショーにも出場するようになりましたが、ヨーロッパではまだ珍しい品種です。

シンガプーラの特徴は、体がとても小さいことで、成猫になっても体長約25cm、最大でも30cm（オス）。普通のねこでしたら、生後6か月の子ねこぐらいの大きさで、体重も2〜5kgと軽量です。性格はとても愛くるしく、温厚で遊ぶのが大好き。独立心が強いので1匹でも平気ですが、人なつこくて社会性もあります。いくらか風邪をひきやすいかもしれませんが、基本的には健康で丈夫です。仕上げは、明るい色の短い被毛と、ちっちゃくて丸い頭。世界最小のねこは、このうえなくエレガントなのです。

シンガプーラに次いで小さいねこは、アメリカ原産のマンチカン。足が短いのが特徴で、猟犬のバセット・ハウンドによく比較されます。マンチカンは生涯を通じて、子ねこのようにすばしこく、好奇心旺盛で、遊ぶのが大好きです。

もっと知りたい人のために

Brozinska, Anastas, *Le Grand Livre des chats et des chatons*, Esi, 2012.

Bourdin, Monique, *Accueillir et éduquer son chaton*, Rustica, 2011.

Cuvelier, Jean, *Le Petit Larousse du chat et du chaton*, Larousse, 2016.

Lemoine, Aurélie et Zabée, Alice, *Tu peux pas comprendre, t'es pas un chat. Spécial chatons*, Larousse, 2016.

Piers, Hélène et Sutton, Kate, *J'apprends à m'occuper d'un chaton*, Marabout, 2016.

Rainbolt, Dusty, *Un chaton pour les Nuls*, First, 2014.

Trochet-Desmaziers, Marie-Alice, *Le Petit Traité Rustica du chaton et du chat*, Rustica, 2016.

ちいさな手のひら事典
ねこ

ブリジット・ビュラール＝コルドー 著

ISBN978-4-7661-2897-0
定価：本体 1,500円（税別）

ちいさな手のひら事典
きのこ

ミリアム・ブラン 著

ISBN978-4-7661-2898-7
定価：本体 1,500円（税別）

ちいさな手のひら事典
天使

ニコル・マッソン 著

ISBN978-4-7661-3109-3
定価：本体 1,500円（税別）

ちいさな手のひら事典
とり

アンヌ・ジャンケリオヴィッチ 著

ISBN978-4-7661-3108-6
定価：本体 1,500円（税別）

ちいさな手のひら事典
バラ

ミシェル・ボーヴェ 著

ISBN978-4-7661-3296-0
定価：本体 1,500円（税別）

ちいさな手のひら事典
魔女

ドミニク・フゥフェル 著

ISBN978-4-7661-3432-2
定価：本体 1,500円（税別）

ちいさな手のひら事典
薬草

エリザベート・トロティニョン 著

ISBN978-4-7661-3492-6
定価：本体 1,500円（税別）

ちいさな手のひら事典
月

ブリジット・ビュラール＝コルドー 著

ISBN978-4-7661-3525-1
定価：本体 1,500円（税別）

ちいさな手のひら事典
花言葉

ナタリー・シャイン 著

ISBN978-4-7661-3524-4
定価：本体 1,500円（税別）

ちいさな手のひら事典
マリー・アントワネット

ドミニク・フゥフェル 著

ISBN978-4-7661-3526-8
定価：本体 1,500円（税別）

LE PETIT LIVRE DES CHATONS

Direction : Jérôme Layrolles
Responsable de projet : Églantine Assez, avec la collaboration de
Franck Friès, assistés de Roxane Touret
Directeur artistique : Charles Ameline
Lecture-correction : Mireille Touret
Fabrication : Cécile Alexandre-Tabouy
Mise en page et photogravure : CGI

This Japanese edition was produced and published in Japan in 2021
by Graphic-sha Publishing Co., Ltd.
1-14-17 Kudankita, Chiyodaku,
Tokyo 102-0073, Japan

Japanese translation © 2021 Graphic-sha Publishing Co., Ltd.

Japanese edition creative staff
Translation: Kei Ibuki
Text layout and cover design: Rumi Sugimoto
Editor: Yukiko Sasajima
Publishing coordinator: Takako Motoki
(Graphic-sha Publishing Co., Ltd.)

ISBN 978-4-7661-3523-7 C0076
Printed in China

著者プロフィール

ドミニク・フゥフェル

作家、ジャーナリスト。南フランスに暮らし、昔ながらの風習や暮らし、言語、自然環境を研究。子どもの教育やフェミニズム関連の書籍も執筆している。『ちいさな手のひら事典』シリーズでは、『魔女』などのタイトルを手がけている。

ちいさな手のひら事典 子ねこ

2021年8月25日　初版第1刷発行
2024年2月25日　初版第3刷発行

著者　　　ドミニク・フゥフェル（© Dominique Foufelle）
発行者　　西川 正伸
発行所　　株式会社グラフィック社
　　　　　102-0073 東京都千代田区九段北1-14-17
　　　　　Phone: 03-3263-4318　Fax: 03-3263-5297
　　　　　https://www.graphicsha.co.jp

日本語版制作スタッフ
翻訳：いぶきけい
組版・カバーデザイン：杉本瑠美
編集：笹島由紀子
制作・進行：本木貴子（グラフィック社）

ISBN978-4-7661-3523-7 C0076
Printed in China